Frisierte Rennwagen vom Typ Lada, Polski Fiat, Wartburg und Trabant werden auch heute noch gern genutzt.

Zum Titelbild

Vision – Wirklichkeit – Legende: Den Titel des Buches ziert ein Automobil, das 1969 »geboren« wurde und bis heute jung, interessant und begehrt geblieben ist. Die Dresdner Familie Melkus war bereits Mitte der 1950er-Jahre technisch, konstruktiv, handwerklich und motorsportlich im gewissen Sinn nicht nur besessen, sondern am Beginn einer Karriere, deren Größe über Jahrzehnte das Bild des Automobilsports in der DDR prägte. Nachdem Heinz Melkus und später ebenso sein Sohn Ulrich (Ulli) in den 1960er-Jahren Erfolge mit selbst konstruierten und selbst gebauten Formelrennwagen im Motorsport einfuhren, reifte die Idee, einen geschlossenen Rennsportwagen zu entwickeln. Den gab es in der DDR nicht – weder für Jedermann noch für Rennfahrer. 1968 wurde das SEG-Kollektiv gegründet, beteiligt waren die Dresdner Technische Universität, das Robur-Fahrzeugwerk in Zittau, das Kraftfahrttechnische Amt (KTA), die Firma Melkus sowie der ADMV. Zwischen 1969 und 1979 wurden 100 Sportwagen mit der Typenbezeichnung RS 1000 hergestellt. Aufgebaut wurde alles auf den Kastenrahmen vom Eisenacher Wartburg 353, der Motor war ein 3-Zylinder-Wartburg-Motor (ca. 990 cm^3) mit drei Vergasern ... alles Übrige wurde vom Kollektiv und beteiligten Partnern von Hand in Kleinserie gefertigt; frisieren (Leistungssteigerung) war erlaubt. Das Fahrzeug überstand auch die Überprüfung durch das KTA (ähnlich heutigem Einzelgutachten) und konnte damit für den öffentlichen Straßenverkehr zugelassen werden. Warum? Ziel war es anfänglich, dem Amateursportler zu ermöglichen, von zu Hause bis zur Rennstrecke zu fahren, dort am Wettkampf teilzunehmen und anschließend möglichst mit einem Preis dann wieder die Heimreise anzutreten. Die Macher um Heinz und Ulli Melkus kamen in den Folgejahren nie zur Ruhe, immer weiter wurde das Fahrzeug vervollständigt, verbessert und »sportlich getrimmt«. Der Bruder von Ulli, Peter Melkus, ebenso die Söhne sowie Karosseriespezialist Siegfried Anacker oder Cheftechniker Frank Nutschan haben nicht nur das Erbe und die Tradition gepflegt, sondern das wirklich einmalige automobile Gut zum begehrten Sammlerobjekt werden lassen. Ein schicker Sportwagen, der auch nach 50 Jahren nichts von seiner Eleganz verloren hat.

Harald Täger

FAHRZEUG-GEHEIMNISSE DER DDR

Erfinder, Tüftler & Enthusiasten und ihre erstaunlichen Projekte

Verantwortlich: Lothar Reiserer
Layout/Satz: Michael Dörflinger
Repro: LUDWIG:media
Korrektorat: Ralf J. Klumb | The Wordworms
Einbandgestaltung: Regina Degenkolbe
Herstellung: Anna Katavic
Printed in Slovakia by Neografia

Sind Sie mit diesem Titel zufrieden? Dann würden wir uns über Ihre Weiterempfehlung freuen. Erzählen Sie es im Freundeskreis, berichten Sie Ihrem Buchhändler, oder bewerten Sie bei Ihrem nächsten Onlinekauf. Und wenn Sie Kritik, Korrekturen oder Aktualisierungen haben, freuen wir uns über Ihre Nachricht an GeraMond Media, Postfach 40 02 09, D-80702 München oder per E-Mail an lektorat@verlagshaus.de.

Unser komplettes Programm finden Sie unter

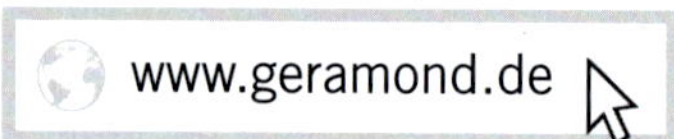

Die Deutsche Nationalbibliothek verzeichnet diese Publikation in der Deutschen Nationalbibliografie; detaillierte bibliografische Daten sind im Internet über http://dnb.d-nb.de abrufbar.

ISBN 978-3-96453-281-7

Inhalt

Hier konnte man kreativ sein: eine typische Bastlerwerkstatt.

In den Jahren des Bestehens der DDR wurde in der Industrie, der Landwirtschaft, dem Handwerk sowie im privaten Umfeld häufig und oft sehr geschickt improvisiert. Betrachtet man dieses Geschehen im technischen Bereich etwas genauer, dann reift die Erkenntnis, da waren zum einen innovative Denker, Konstrukteure, geschickte Handwerker, der Moderne zugewandte Formgestalter (heute Designer), Risiko auf sich nehmende Abteilungsleiter oder Direktoren in ständiger Bereitschaft, den traditionellen Begriff »Made in Germany« auch in der Fahrzeug- und Zubehörindustrie nicht verkümmern zu lassen. International mitzuhalten zu wollen, war ein verpflichtender Anspruch in Forschung und Industrie.

Zum anderen entwickelten viele Bürger großes handwerkliches Geschick, um den häufig bestehenden Mangel an modernen Produkten, aber auch an Ersatzteilen, durch »Eigeninitiativen« auszugleichen. So wurde in großem Umfang selbst gewerkelt, selbst repariert, selbst modernisiert. Dort waren es Erfinder, an anderer Stelle Edelbastler und im Motorsport »verrückte« Enthusiasten. – Alle besessen davon, mehr zu präsentieren, als übliche »Jedermann-Produkte«. Das waren allesamt Menschen, die nicht etwa nur Flausen im Kopf hatten, sondern am Ende des Tages tatsächlich fertige Versuchsmuster, Prototypen, Kleinserien oder Eigenbauten lieferten, denen im gewissen Sinn »Leben eingehaucht« war. Noch heute strahlen die Entwickler, Techniker oder Mechaniker, wenn sie aus dieser Zeit stolz berichten, dass die Motoren standfest waren, eine gute Leistung entwickelten und sich manches Mal gegenüber internationaler Konkurrenz sogar behaupten konnten. Vielen dieser Entwicklungen war dann leider nicht der Weg in die Serienproduktion beschieden, häufig gelangte nichts davon an die Öffentlichkeit, von einigen Fahrzeugen des Motorsports oder in kleinen Arbeitsgruppen geschaffener Technik abgesehen. So verwundert es nicht, dass auch der eine oder andere Konstrukteur, Ingenieur, Erfinder oder Edelbastler mit Wehmut und Verbitterung daran denkt, dass seine damalige Arbeit keine Würdigung erfuhr, heute verniedlicht oder gar »weggeredet« wird, als hätte es das nicht gegeben. Ich selbst erlebte solch eine Situation, die ich an dieser Stelle gern als Beispiel und des Verständnisses wegen wiedergeben möchte:

Ich besuchte das Suhler Zweiradmuseum, damals noch in der Meininger Straße, wo sich das bekannte Motorradwerk befand. Es waren noch etwa 20 Minuten Zeit bis zur Öffnung. Mit mir wartete ein Ehepaar aus den alten Bundesländern. Die Frau war interessiert, wir kamen ins Gespräch; der Mann dagegen machte einen mürrischen Eindruck. Dann unterbrach er sein Frau »… sie soll das sein lassen, wer weiß, was da zu sehen ist, in der DDR war alles grau, das wird nicht interessant sein …«. Ich entgegnete, dass die Ausstellung sicherlich gefallen

Der P70 aus Zwickau hat Dach, Türen, Motorhaube und Kotflügel aus Kunststoff und hält diese hohe Belastung aus.

AWE-Eigenentwicklung eines offenen Pkw, es blieb bei einigen Musterfahrzeugen.

wird und sie farbig ist. Der Wortwechsel folgte »...in der DDR gab es nur Schwarz und Grau und die Fahrzeuge würden wie vor dem Krieg aussehen, alles war doch Schrott ...«. Seiner Frau waren diese Ansichten fast peinlich, sie ärgerte sich. Ich entgegnete nun etwas gereizt »... in den 1950er- und 1960er-Jahren hatten die Fahrzeuge der alten DDR und BRD gewisse Ähnlichkeiten und es gab sicherlich bei uns weniger Farben, vielleicht hatten sie 20 bis 30 und wir nur 10 oder 15, aber nur Schwarz und Grau wäre falsch. Und leider wurde in der DDR nicht alles gebaut, was die Ingenieure am Reißbrett konstruiert hatten ...«. Die Frau freute sich über meine Reaktion, er drehte sich fast trotzig weg. Dann öffnete das Museum; gleich zu Beginn standen die DDR-Pedalmopeds SR 1 in den traditionellen Farben helles Grau und Weinrot sowie hellem Grün, welche ich selbst nicht kannte. Ich sprach den Mann an, um darauf hinzuweisen, dass es schon »drei Farben mehr sind«. Wortlos gingen wir einige Schritte weiter, die Frau äußerte plötzlich spontan »... das sieht ja aus wie bei uns ...«. Gemeint war ein Kreidler-Moped, dass neben einem Simson-Moped vom Anfang der 1960er-Jahre stand. Ich antwortete, dass ich genau das gemeint habe, vieles war in dieser Zeit ähnlich. Der Mann zeigte keine Reaktion; mit der Frau unterhielt ich mich angeregt. Dann kamen wir in einen Raum, hier stand ein rot lackierter Wartburg 313/1 in sportlicher Ausführung. Und daneben hinter Glas die Kopie eines Interviews mit dem bekannten, 1932 in Berlin geborenen (zwischenzeitlich verstorbenen) Industriedesigner Luigi Colani. Er lobte darin die »schwungvolle Linienführung ... für die damalige Zeit war der Wartburg in seiner Form international beispielhaft …«. Das war »des Guten zu viel«, er machte kehrt und »überließ« mir seine Frau für den Rest der Ausstellung.

Eigentlich kann sich solch eine Begegnung überall ereignen. Aber sie hat mich darin bestärkt, die Initiativen der Erfinder, Tüftler, Bastler und Enthusiasten in der DDR noch einmal »lebendig« werden zu lassen. Bei einem Vortrag in Dresden mahnte der in der Fahrzeugindustrie bekannte Prof. Dr. Peter Kirchberg an, die damaligen Initiativen festzuhalten, also »aktenkundig« zu machen. Denn langsam verschwinden diese Geschehnisse, Entwicklungen und oft technischen Raritäten aus dem Gedächtnis, als hätte es die in besonderer oder gar geheimer Mission entwickelten Produkte nie gegeben. Das häufig von Kreativität geprägte Leistungsvermögen der damals Beteiligten soll mit diesem Buch gewürdigt und das ein oder andere Geheimnis mit »Verspätung« auch öffentlich gemacht werden. Es war mir manchmal nicht möglich, da oft Zeitzeugen oder Beteiligte nicht mehr leben, den genauen Termin oder das Jahr herauszufinden, ich musste mich auf die Annahme bzw. Vermutung verlassen. Ich denke jedoch, dass ist nicht so entscheidend; wichtig für mich war, soviel Engagement wie möglich festzuhalten. Es gilt stellvertretend für alle, die in irgendeiner Weise oder Form damit zu tun hatten. Es ist keine höchst wissenschaftlich und von unverständlichen Fachausdrücken geprägte Aufarbeitung, sondern eine hoffentlich für alle Interessenten und Liebhaber der fahrzeugtechnischen sowie motorsportlichen Branche verständliche Zusammenfassung damaliger Initiativen. Sie verdient meine Begeisterung und Bewunderung; vielleicht nach dem Lesen auch die Ihrige.

Harald Täger
Woltersdorf im Mai 2022

ADMV-Präsident Egbert v. Frankenberg ehrt Heinz Melkus für seine sportlichen Leistungen.

»Selbst ist der Mann«. Die Reparaturmöglichkeit am Auspuff oder Unterboden wurde durch die industriell gefertigte Kippvorrichtung (Konsumgüterproduktion) so erleichtert. Viele Wagenbesitzer konnten so selbst Hand anlegen.

1
Not macht erfinderisch

Improvisation will gelernt sein

Alles was man braucht ist heute da. Wird irgendetwas benötigt, überlegt man, wo es das gibt und dann wird gekauft. Ist das Produkt nicht auf Anhieb zu finden, erkundigt sich der Suchende telefonisch, im Katalog oder im Internet. In der heutigen Zeit gestaltet sich nur im Ausnahmefall die Suche schwierig, meistens wird man irgendwann fündig oder ist mit einem Alternativangebot zufrieden. Geld in die Hand nehmen und kaufen – so einfach ist das. Doch damals in der DDR war das anders, oft war das Gesuchte nicht vorrätig, es gab lange Wartezeiten. Oder die Dinge gab es nur auf dem Internationalen Markt, manchmal nur für harte Währung oder sie waren gar nicht zu beschaffen. In allen Industriezweigen kam es vor, dass zuvor gemachte Pläne »in Schieflage« gerieten, weil notwendige Ausgangsmaterialien, Baugruppen oder Zubehör entweder nicht rechtzeitig, in minderer Qualität oder gar nicht zu beschaffen waren. Ergebnis: So mancher Produktionsstart geriet in Gefahr, Umrüstzeiten verlängerten oder Instandsetzungsarbeiten verzögerten sich. In solchen Situationen war mehr als Ingenieurwissen gefragt, das Improvisationsvermögen, meisterschaftsverdächtige Handwerkskunst und der Wille, es trotzdem irgendwie zu schaffen, erlangten größte Bedeutung. »Die Flinte ins Korn werfen« war eigentlich die allerletzte Alternative. Wenn heute bei unvorhergesehenen Schwierigkeiten es bei den Beteiligten zum Achselzucken kommt und man mit solchen Situationen nur schwer umgehen kann, stellten sich Mechaniker, Techniker, Versuchsingenieure und Arbeiter fast wöchentlich auf einen »Plan B« ein. Zur Wahrheit gehört auch, dass bereits junge Menschen durch den Staat auf solche Situationen indirekt vorbereitet wurden. In den monatlich erscheinenden Zeitschriften »technikus« sowie »Jugend und Technik« und für die Erwachsenen die »KFT« gab es Anregungen und Bauanleitungen für unzählige Hobbys bis hin zu technisch interessanten Gebrauchsmaterialien. Ob eine spezielle Fahrradbeleuchtung, ein handlicher Ventilator, ein K-Wagen, ein eigenes Mikroskop, Flug- oder Schiffsmodelle bis zur Kippvorrichtung für den Pkw, Benzinhahnverlängerung für den Trabant oder ein Zelt für den Aufbau auf dem Pkw-Dach, alles wurde angeboten. Sicherlich hauptsächlich, um den Mangel an Konsumgütern irgendwie zu mindern. Doch fasst unbewusst nahmen sich tausende Bürger Fingerfertigkeiten an – »selbst ist der Mann«. Die Bewegung »Messe der Meister von Morgen« (MMM) startete mit Aktionen auf Kreis- sowie Stadtebene, es folgten die Bezirksausscheide und die Besten nahmen dann am zentralen Finale in Leipzig (auf dem alten Messe-

Eigenbau-Hochdachzelt auf einem Trabant 601. Das war pragmatisch gedacht und sicher nicht ungemütlich. Spannend wurde es vermutlich bei Sturm.

Nur schwer zu erkennen: Der 4-Zylinder-Dacia-Motor im Wartburg 353 längs eingebaut; es war ein Versuchsfahrzeug.

rechts oben:

Prototyp Trabant 603 mit großer Heckklappe; die IFA-Verkaufsstellen wären überrannt worden.

rechts unten:

So sollte die Karosserie des aufgebesserten Trabant 601 Kombi aussehen

gelände) teil. Auch wenn diese Bewegung neben der staatlichen Förderung auch politischen Vorgaben zur »Stärkung des Sozialismus« unterlag, waren Wissen, Erfinderreichtum, Willensausprägung, Fleiß und Improvisationstalent wichtig für den späteren Beruf bis hin zum angestrebten Erfolg.

Altes Kleid – neuer Inhalt

Am Beispiel der vorgesehenen »Modernisierung« des Trabant 601 zum Trabant 1.0 möchte ich die damalige Misere, die es in der Fahrzeugindustrie gab, beschreiben. Der Trabant hat hinten unter dem Fahrzeugboden eine quer liegende Blattfeder. Diese war mittig am Fahrzeugboden befestigt, an den beiden Enden links und rechts stützen sich daran die Pendelachse samt Dreiecksquerlenkern ab. Im vorderen Motorraum war ebenfalls mittig die quer liegende Blattfeder untergebracht, an den beiden Enden links und rechts ebenfalls die Achselemente der Einzelradaufhängung samt Stoßdämpfer. Im Motorraum befand sich (in Fahrtrichtung rechts) etwas erhöht auch der Tank mit anfänglich 24, später 26 Liter Fassungsvermögen. Für den Tankvorgang musste jeweils die Motorhaube aufgeklappt werden. Wenn der Kraftstoffhahn vor dem Start geöffnet wurde, lief das Benzingemisch durch einen Schlauch ganz simpel direkt in den Vergaser (Fallbenzin). Als fest stand, dass der luftgekühlte 2-Zylinder-Motor mit knapp 600 cm³ Hubraum durch einen wassergekühlten 4-Zylinder-Motor von VW mit fast 1.000 cm³ ersetzt werden sollte, mussten sich die »alten Zwickauer Konstrukteure« etwas einfallen lassen, denn die im Jahr 1964 (!) entstandene Karosserie sollte 25 Jahre später in der Urform beibehalten werden. Im Motorraum mussten Tank und Blattfeder verschwinden, dafür war wegen des größeren Motors samt Kühler kein Platz mehr. Wohin mit dem Tank? Die meisten Pkw haben den Tank im hinteren Bereich des Fahrzeuges, oft ziemlich tief gelegen in einer Aussparung des Fahrzeugbodens. Doch hier befand sich die quer liegende Blattfeder. Die wurde verbannt. Der modifizierte Trabant behielt die Einzelradaufhängung, es war nunmehr eine Schräglenkerachse mit jeweils links/rechts einer Spiralfeder samt innen liegendem Stoßdämpfer. So war Platz geschaffen für einen Tank mit 28 Litern Fassungsvermögen. Über eine kleine Pumpe wurde der Kraftstoff nach vorn in den Motorraum befördert. Da auch die vordere Blattfeder »verschwunden« war, kamen stattdessen hier beidseitig Spiralfedern (McPherson-System) zum Einsatz. Dafür mussten übrigens die beiden vorderen sowie hinteren Radkästen verstärkt werden, um dem Federdruck dann auch standzuhalten. Vorn erhielt der Trabant statt Trommelbremsen zusätzlich moderne Scheibenbremsen. Trotz dieser vielen »unsichtbaren« technischen Veränderungen sah dieser »neue Trabant« immer noch aus wie der Typ 601. Auffällig war lediglich, dass am hinteren Kotflügel in Fahrtrich-

So sah der Wartburg 610/M1 mit Dacia-Motor aus. Die 1970er-Jahre lassen ästhetisch grüßen.

tung rechts nunmehr ein Einfüllstutzen samt Schraubverschluss für den Kraftstoff saß. Beim genaueren Hinsehen erkannte man ebenso die etwas veränderte und erhöhte Motorhaube. Alle Produktionsteile und Zulieferbetriebe waren nunmehr umgerüstet, damit das neue Modell serienmäßig produziert werden konnte. Doch der Einbau des neuen Motors samt Getriebe war noch »in Verzug«. So kam es, dass einige Neuwagenbesitzer bereits das modernisierte Fahrwerk in der etwas veränderten Karosserie, jedoch mit dem alten 2-Takt-Motor erhielten. Im Jahr 1988 wurde das erste fertige Funktionsmuster des neuen Trabant 1.1 hergestellt; erst im Frühjahr 1990 lief dann die Serienproduktion an. Doch zwischen 1988 und 1990 standen in Zwickau nicht etwa die Räder still, weiterhin war die Nachfrage für diesen Pkw groß, sollte der Bedarf gegenüber der Bevölkerung gedeckt werden. Mit dem heutigen Blick zurück kann man nur staunen, wie die Mitarbeiter, Abteilungsleiter oder Direktoren die »Nerven behielten« und das geschafft haben. Schließlich saßen im Politbüro und dem Ministerium für Allgemeinen Landmaschinen- und Fahrzeugbau (MALF) Personen mit wachsamem Auge, erhobenem Zeigefinger oder der Androhung, beim Verstoß gegen Beschlüsse zu spüren zu bekommen, wer »das Sagen« hat.

Gratwanderung für den Sport

Der Trabant und Wartburg wurde auch im Motorsport eingesetzt. Bei Rallyes oder Rundstreckenrennen konnten die Piloten unter Beweis stellen, dass man auch mit hubraum-schwächeren Fahrzeugen einen Blumentopf gewinnen kann. Doch in jedem Fall war es in diesen beiden Disziplinen notwendig, dass vor der Einsatzzulassung eine so genannte Homologation des Pkw bei der internationalen Motorsportbehörde (FIA, Sitz in Paris) erfolgte. Das war eine mehrseitige Dokumentation in Wort und Bild, welche alle wichtigen Details des jeweiligen Fahrzeuges beinhaltete. Damit sollte gesichert werden, dass nachträglich nicht freischaffend am Sportgerät gewerkelt wurde und die technischen Kommissare das vorgeführte Fahrzeug mit der offiziellen Beschreibung (gemäß Aktenlage) vergleichen konnten. Der Hersteller musste zusätzlich die identisch produzierte Mindeststückzahl nachweisen. Dieses Vorgehen trieb den Sportabteilungen in Eisenach (AWE) und Zwickau (AWZ) so manche Schweißperlen auf die Stirn. Die Dokumentation der Homologation war fertig und plötzlich mussten am Fahrzeug auf Grund von Engpässen, Lieferschwierigkeiten oder Materialknappheit doch noch Veränderungen vorgenommen werden. Auch in solchen Fällen galt es zu improvisieren und handwerklich geschickt ans Werk zu gehen. Jedes kleinste Detail musste angegeben bzw. Berücksichtigung finden. Es war einfach ein »himmelweiter Unterschied«, ob beim Wartburg 353 die Vorderräder mit einer Scheibenbremse, Durchmesser ca. 220 mm oder einer innen belüfteten Scheibenbremse und Durchmesser 238 mm ausgestattet waren. Oder die serienmäßige Motorhaube bzw. Kofferklappe aus »schwerem Blech« oder leichtem Aluminium bestand. Selbst Kunststoff wurde dann für die Kotflügel oder »Außenhaut« der Türen verwendet. In lackierter Form war das von außen nicht zu erkennen. Und wegen einer fehlerhaften Dokumentation wollte niemand in »die Wüste« geschickt werden.

Hier wurde versucht, gewerkelt, optimiert und verbessert, dort wurde kontrolliert, ob alles »seine Ordnung« hat und den Bestimmungen entspricht und

DDR-Meister Frank Böttcher nutzt ein komplett im Eigenbau von Günter Ruttloff hergestelltes Trialmotorrad.

Der Trabant 601 erhielt statt der Simplex eine Duplextrommelbremse. Beim Betätigen der Bremse schoben die Bremszylinder die beiden Bremsbacken gleichsam auseinander.

Eigenbau – auch der Motoren. Hier ein 50-cm³ wassergekühlter Zylinder

damit zulässig war – es war oft eine Gratwanderung.

Selbst ist der Mann

Es gab, wenn man so will, eine riesige Bewegung, um entweder die »Jedermannprodukte« in irgendeiner Form aufzumotzen oder Dinge, die begehrt, aber nicht zu bekommen waren, mit viel Selbstvertrauen, Wissen und Geschick in geringen Stückzahlen selbst anzufertigen. Oft waren zusätzliche Beziehungen notwendig, um das Ausgangsmaterial oder die speziell notwendigen Bearbeitungswerkzeuge zu bekommen. Dabei wurde tatsächlich auch Hand in Hand gearbeitet. Einer hatte Beziehungen zum Werkstoff, der nächste zur Gießerei oder Dreherei, ein Anderer verarbeitete Kunststoff und wiederum ein Anderer war Form- bzw. Modellbauer. Immer schloss sich irgendwie der Kreis und am Ende des Tages war der zuvor bestehende Mangel beseitigt, das benötigte Zubehör, Anbau- oder Ersatzteil dann da. Der Zylinder eines Zweitaktmotors hatte statt zwei nunmehr vier Überströmkanäle, die ehemals stählernen Bremstrommeln waren aus Aluminium oder die serienmäßigen Getriebeübersetzungen wurden durch sportdienliche Zahnräder ausgetauscht. Um Verwirbelungen an den Rädern zur vermeiden, erhielten diese leichte Scheiben aus Kunststoff als Radabdeckung. Sogar die vorderen Scheinwerferringe samt Einsatz wurden in einer leicht gewölbten Form so verändert, dass sich der Luftwiderstandsbeiwert am Trabant verbesserte. Zylinder wurden aufgebohrt oder erhielten neue Laufbuchsen, um den Hubraum zu erhöhen. Ziel war, entweder mehr Drehmoment oder eine höhere Leistung zu erreichen.

Da es in der DDR keine Trialmotorräder gab, wurden diese komplett selbst gebaut, auch die Motoren dazu. Als Basis diente u. a. ein serienmäßiger Jawa-Motor. Darauf wurde ein MZ-Zylinder mit 250 cm³ Hubraum montiert. Um ein besseres Drehmoment im unteren Drehzahlbereich zu bekommen, erhielt der Zylinder jedoch eine andere Laufbuchse und dazu den Kolben vom Trabant-Motor. Das sicherte einen Hubraum von nunmehr 300 cm³. Die serienmäßigen Getriebezahnräder wurden durch völlig andere Übersetzungen ersetzt. Der zweite und dritte Gang wurden in der Übersetzung dicht an den ersten Gang »heran gesetzt«, um im Gelände beim Überwinden von Hindernissen die Kraft des Motors optimal auf das Hinterrad übertragen zu können. Nur der vierte Gang wurde als »lange Übersetzung« für das Befahren der Straßen und Wege belassen. Solche Umbauten gab es oft in der Motorsporttechnik. In handwerklicher Arbeit wurden Getriebesätze für den Rallye- oder Automobilrennsport, Autocross- oder Kartmotor angefertigt. So konnte der Sportler wählen, wenn es sich um eine Strecke mit vielen Kurven und damit vielen Schaltvorgängen handelte, ob es zu einer Rundstrecken- oder Bergrennveranstaltung ging oder der Kurs mit vielen kurzen Hügeln bzw. lang gezogenen Auf- und Abfahrten bestückt war.

Die damals bestehenden Kollektive bestanden oft aus Fachleuten, die ihr Handwerk verstanden und beruflich damit zu tun hatten. Das führte dazu, dass aus ehemals angefertigten Unikaten ganze Kleinserien entstanden, weil der Bedarf immer größer wurde. Die Szene wusste dann ganz genau Bescheid: Der fertigt spezielle Lenker, von dort kann ich leistungsstarke Kupplungen bekommen, dort können Getriebe bestellt werden oder für Kunststoffteile ist das eine »gute Adresse«. Eine Gruppe hatte sich spezia-

Ein Wartburg auf »Lumpenreifen« zur Rallye im verschneiten Tallinn

lisiert, stabile, abriebfeste Bremsbeläge für Trommelbremsen oder spurverbreiterte Felgen für einen breiteren Radstand herzustellen. Am Kart war es notwendig, das Lenkgestänge für die beiden Vorderräder möglichst filigran, leicht aber stabil zu verwenden. Doch wo gab es so etwas? Im Flugzeugbau! Also mussten Verbindungen zu Wartungsmechanikern geknüpft werden, die diese kleinen Teile »abgeben« konnten. Dass alles war von Vorteil für Suchenden und brachte ebenso einen Vorteil für die, die diese begehrten Artikel lieferten – meistens war es finanziell ein gutes (Zusatz-)Geschäft.

Reifen aus Lumpen und andere Eigentümlichkeiten

Bis auf wenige Ausnahmen war das benutzen von Spikereifen im öffentlichen Straßenverkehr ab den 1970er-Jahren verboten. Das galt damit auch für Rallyes, denn die Streckenteile (Verbindungsetappen) zwischen den einzelnen Wertungsprüfungen verliefen über öffentliche Straßen und Wege. Deshalb mussten solche Rallye-PKW den Bestimmungen der STVZO entsprechen, ein Kennzeichen besitzen und Fahrer die Bestimmungen des Straßenverkehrs einhalten. Jeder wusste, dass es ein Risiko war, auf vereisten Straßen zu fahren. Auf fest gefahrener Schneedecke war das nicht ganz so extrem, doch um das Auto in der Spur zu halten, benötigte man sehr gute Winterreifen oder es galt langsam zu fahren. Langsam zu fahren bei einer Rallye widersprach natürlich dem sportlichen Anspruch. Die Rallyefunktionäre der Kommission im ADMV, die Fachleute vom Reifen- Runderneuerungswerk in Berlin-Schmöckwitz und die Leiter der Sportabteilungen aus Eisenach und Zwickau setzten sich zusammen und »schmiedeten einen Plan«. Als Basis wurden fertige Karkassen verwendet; dann wurde Gummi aufvulkanisiert, eine spezielle Form sicherte ein optimales Winterprofil der Lauffläche. Doch das war noch nicht alles. Mittels einer Maschine ließ sich Leinwand zerkleinern, diese Stofffetzen wurden der Vulkanisierungsmasse so untergemischt, dass nach dem Trockenprozess auf der Lauffläche unzählige Stofffetzen heraus ragten. Der Begriff »Lumpenreifen« war geboren; in seiner Anwendung ließ er sich tatsächlich nicht »lumpen«. Doch warum das alles, wer organisierte im Winter Rallyes und in den übrigen Monaten waren die Reifen eh nicht zu gebrauchen? Die »Pneumantrallye« mit Start und Ziel in Berlin fand meistens Anfang März statt, zu diesem Zeitpunkt konnte noch Schnee liegen. Doch viel extremer und immer mit Eis und Schnee verbunden war der jährlich im Januar stattfindende Rallyesaisonauftakt »Russkaja Sima« (Russischer Winter). Im Jahr 1987 oder 1988 wurde dieser Wettbewerb in der Gegend um Tallinn (heute Hauptstadt Estlands) organisiert. Der Prolog wurde als Parallelsprint im Rund eines Stadions ausgetragen, der Kurs bestand aus einer festen Schneedecke, Spikes waren verboten. Fahrer der russischen Nationalmannschaft hatten u. a. Lada Samara mit Allradantrieb (Gruppe B) am Start, die DDR war mit Lada 2101 und Wartburg 353 (Gruppe A) dabei. Und dann staunten alle, wie die ADMV-Sportler ihre Autos um den Rundkurs jagten, mit viel Vortrieb beim Start und ohne aus der Bahn zu fliegen. Wie ging das ohne Spikes? Große Augen, als man sich die Reifen näher betrachtete. »Schuld« an dieser stabilen Kurvenlage waren die Stofffetzen, die auf der Schneedecke zum »festen Halt« führten. Auch beim anschließenden Fahren über schneebedeckte bzw. matschige Straßen, gab es kein Problem. Bereits vor 35 Jahren war das aus heutiger Sicht ein guter Beitrag zum Umweltschutz und Senkung der Geräuschemmission. Einziger Nachteil: Waren die Leinwandfetzen abgefahren, waren die Reifen zwar noch brauchbar, jedoch der Effekt war nicht mehr da, neuerliches Vulkanisieren wurde notwendig. Das Vulkanisieren von Reifen hatte in der DDR eine hohe Bedeutung, denn 10 % des Reifens machte die äußere Profilschicht aus, die sich abnutzte. Die anderen 90 % des Reifens (Karkasse mit Aufbau) waren in den meisten Fällen noch zu verwenden. So konnten tatsächlich viele Ressourcen der zur Produktion von Reifen notwendigen Materialien gespart werden. Auch hier hatten die findigen »Bastlerköpfe« verschiedene Ideen, um den bestehenden Mangel an speziellen Reifen etwas auszugleichen. So gab es für den Automobilrennsport keine Breitreifen, weder in der Ausführung als profilloser Slick noch als Regenreifen mit Profil. Es gelang jedes Jahr, abgefahrene Reifen meist von ausländischen Sportlern kostengünstig »zu besorgen«. In der DDR wurden Formen hergestellt, Beziehungen zum Vulkanisierungsbetrieb aufgebaut und schon entstand aus dem alten Reifen ein begehrtes, wieder verwendungsfähiges Produkt. Die Form für einen profillosen Slickereifen war nicht sehr anspruchsvoll, doch auch Regenreifen waren im »Fall des Falles« notwendig. Mit speziellen Messern, Geschick und Zeit wurden dann in Slickereifen Regenrillen nachträglich von Hand mühsam eingeschnitten. Das System wurde auch angewandt, wenn abgefahrene Regenbreitreifen irgendwie zu bekommen waren. Die noch vorhandene Profiltiefe von 1 bis 2 mm war für eine rennsportliche Nutzung nicht mehr geeignet, doch mit dem händischen Nachschneiden erreichte man 3 bis 4 mm tiefe Rillen und das Auto konnte damit auch im Regen gefahren werden. Die Festigkeit der oberen Tragschicht des Reifens war zwar damit »hart an der Grenze«, doch meistens ging es gut.

Aus heutiger Sicht könnte man sagen, tatsächlich gab es eine Nutzung bis zum völligen Verschleiß. Da es in der DDR keine Reifen für Autocross gab, kamen auch hier die Fachleute der Szene auf die geniale Idee, eine Form mit dem ausgeprägten Stollenprofil auf der Lauffläche zu bauen und runderneuerungsfähige Karkassen von Pkw-Reifen zu verwenden. Im Berlin-Schmöckwitzer Runderneuerungsbetrieb gelang dann die Kleinserienproduktion dieser begehrten Reifen.

Wenn es brennt – was dann?

Im Automobilsport kam es bei Unfällen vor, dass im Wagen auch Feuer ausbrach. Dann kommt es auf wenige Minuten an, sofortiges Einschreiten der Retter ist dabei entscheidend. Passierte das in der Nähe eines Helfers, konnte meistens mittels Feuerlöscher unmittelbar eingegriffen und Schlimmeres verhindert werden. Doch wenn kein Helfer in der Nähe war, war das Leben der Insassen in Gefahr. Es lag auf der Hand, die Sicherheit für die Fahrer (und Beifahrer) durch technische Einrichtungen zu verbessern. Was konnte besser sein, als eine automatische Feuerlöschanlage? Die gab es in der DDR nicht. Das damalige Feuerlöschgerätewerk in Apolda (Thüringen) hatte mit der Herstellung von Feuerlöschern und den verschiedenen Löschmitteln alle Hände voll zu tun, doch die Direktion nahm sich der Sorgen der Motorsportler an, es sollte ein interessantes Projekt werden. Zwei unterschiedliche Konstruktionen fanden Verwendung, für offene Rennwagen und für geschlossene Tourenwagen (also Pkw). Die beiden Wagentypen wurden untersucht und vermessen, der IFA-Vertrieb »ins Boot« geholt, der die Anlagen vorfinanzieren sollte. Der jeweilige Bausatz bestand aus zwei Feuerlöschern samt speziellen Befestigungsmöglichkeiten. Dazu das Rohrleitungssystem samt Düsen und die Betätigungen für das Auslösen der Anlage. Die Rohrsysteme waren dabei so konzipiert und vorgebogen, dass im Tourenwagen jeweils in der Fahrgastzelle Fahrer und Beifahrer mit einem Sprühstrahl geschützt wurden. Im Rennwagen dagegen wurde der Sprühstrahl im Bereich zwischen Sitz und Fußraum ausgerichtet. Zusätzlich gab es eine Leitung mit Sprühdüsen im Motorraum. Das Auslösen der Feuerlöschanlage konnte durch den Fahrer selbst oder von außen separat durch einen Helfer (Rettungspersonal) erfolgen. Diese Idee führte dazu, dass sich die Fahrer nicht nur sicherer fühlten, das System wurde auch von anderen und sogar ausländischen Teams übernommen.

Vorbild in der Formel 1

»Ich muss das näher betrachten …«, war ein damaliges Begehren vom unvergessenen Dresdner Rennfahrer Ulrich »Ulli« Melkus. Er hatte scheinbar im Fernsehen bei der Übertragung von Formel-1-Rennen versucht, Details des Rennwagenaufbaus zu erkennen. Er kam mit der Idee zum ADMV und fragte, ob es möglich sei, ihm eine Karte nebst Fahrerlagerzugang für das Rennen in Budapest 1987 zu besorgen. Zu damaliger Zeit war Ungarn noch nicht visa-frei für DDR-Bürger, also musste zusätzlich sein Reisepass »aktiviert« werden. Das gelang, ebenso organisierte mein Freund vom Ungarischen Sportverband MAMS das begehrte Fahrerlagerticket. Als Ulli zurückkam, schwärmte er, solche Größen wie Senna, Mansell oder Prost kennengelernt und sehr viel gesehen und Erfahrung gesammelt zu haben. Das Wichtigste für ihn jedoch war, technische Entwicklungen, d. h. die Rennwagen genau in Augen-

Formelrennwagen von Ulli Melkus aus Dresden

schein genommen zu haben. Er hatte Skizzen und Fotos gemacht und zugleich begann die Phase »... was können wir übernehmen ...«?

In der Formel-1-Industrie waren ganze Werke damit beschäftigt, ständig die Autos sicherer und leistungsstärker zu machen, Ulli wollte das mit seinen Freunden und Teamkollegen »kopieren«. Und tatsächlich, er stellte sein Wissen, das handwerkliche Geschick sowie seine Zielstrebigkeit unter Beweis. Mir sind nicht mehr alle Details bekannt, jedoch gibt es durchaus Erinnerungen. Zum einen waren es technische Sicherheitsaspekte des gesamten Fahrzeuges. Die Karbonfahrerzelle (innerhalb des Rohrrahmens) gab es damals noch nicht, der Formelwagenaufbau (hier Formel 1 und in der DDR formelfrei E 1300/E1600) ähnelte sich noch. Interessant für ihn waren der Rahmenaufbau samt Überrollbügel hinter dem Fahrersitz, die Form der Verkleidung und die Anordnung der Spoiler sowie Windleitbleche. Beim DDR-Rennwagen war zum Beispiel jedes Federbein unten an jedem Achselement befestigt und im oberen Bereich am Rahmen angebracht. Das Federbein stand etwas schräg zur Fahrtrichtung und lag im Fahrtwind. Das war strömungstechnisch nicht günstig, im Havariefall konnte es schnell beschädigt werden. Bei einem Formel-1-Rennwagen lagen die einzelnen Federelemente für jede Achse »versteckt« in waagerechter Anordnung unter der Verkleidung.

Die Lösung war genial, jedes der vier Achselemente lenkte beim Einfedern über drehbar gelagerte Winkel die Bewegung bis zum Federbein um. Im Ergebnis hatten die Rennwagen dadurch einen besseren Luftwiderstandsbeiwert und die Federbeine waren durch die Befestigung innen zusätzlich geschützt. Die guten Beziehungen zu Herrn Peter Kirchberg von der TU Dresden verschafften Ulli Melkus die Möglichkeit der Windkanalerprobung. Nach der Versuchsreihe wurden die Ergebnisse ausgewertet, dann ging es ans Werk. Mit seinem Team wurden die Rahmen und Achselemente der formelfreien Rennwagen umgebaut und die Stoßdämpfer ebenso nach innen verlegt. Eine kleine Gruppe von Spezialisten, Handwerkern mit »goldenen Händen«, hatte das nachgemacht, was in der Königsklasse des Motorsports sicherlich mit viel Aufwand werksseitig damals entwickelt worden war.

Die Wünsche der Motorradfahrer

Die Auswahl von Serienmotorrädern in der DDR war nicht sehr groß. Aus der ČSSR wurden in den 1960er- und 1970er-Jahren verschiedene Jawa-Typen und aus Ungarn die Panonia importiert. Aus Eisenach kam in den 1950er-Jahren die EMW, aus Suhl die AWO und aus Zschopau die MZ mit den Typen BK, ES, ETS oder ETZ. Motorroller wurden in Ludwigsfelde und Mopeds in Suhl hergestellt. Es gab des Weiteren auch kleinere Importe, doch das spielt in dieser Betrachtung keine Rolle. Wer ein Motorrad mit Seitenwagen fahren wollte, nutze eine Jawa 350, die einen Hubraum von 344 cm³ besaß, eine »alte« EMW mit 342 cm³ die AWO mit 247 cm³ Hubraum oder die in Zschopau hergestellte BK, deren beide Zylinder 344 cm³ »Volumen« hatten. Auch die MZ 250 war für den Seitenwagenbetrieb geeignet, doch motorisch etwas »schwach auf der Brust«. Eine verhältnismäßig leichte Bastelarbeit war, dem Zylinder die serienmäßige 70-mm-Laufbuchse zu entnehmen und dafür mit einer ca. 82-mm-Laufbuchse samt größerem Kolben auszustatten. Vielen Bastlern gelang so eine Hubraumerhöhung auf 350 cm³, zum Teil auch mehr.

Auch das gab es – im Eigenbau umgebauter Wartburg-Tourist als Wohnmobil

oben links: Moped S 50 mit Eigenbau-2-Zylinder-Motor 100 cm³

oben rechts: Eigenbaumotorrad von Klaus Engelke mit 4-Zylinder-Sapomotor

Beiwagengespann mit einem 2-Zylinder-Trabant-Motor! Aus der Nähe von Leipzig kam der Motorradfahrer Klaus Engelke, er fuhr ein Solomotorrad mit vier Zylindern. Wie das? Er hatte sein Motorrad so umgebaut, dass der luftgekühlte Saporoschez-Pkw-Motor mit 750 cm^3 (später 1.200 cm^3) hineinpasste; es entstand ein wirklich sehenswerter Prototyp. Alle Fahrzeuge waren durch die KTA begutachtet, abgenommen und erhielten ein polizeiliches Kennzeichen. Auch Warmluft im Seitenwagen war gefragt. Für die Bastler ein leichtes Spiel: Der Abgaskrümmer wurde ummantelt und mit zwei Öffnungen versehen. Mittels eines kleinen 6-V-/12-V-Lüfters wurde kalte Luft über ein flexibles Rohr zum Krümmer »geblasen« und kehrte als Warmluft in den Seitenwagen zurück. Dem mitfahrenden (ruhenden) Passagier war es dadurch angenehm, der Fahrer des Gespanns hatte dagegen durch seine »körperliche Arbeit« eh genug Eigenwärme.

Die Wünsche der Motorradfahrer in der DDR waren vielfältig: bessere Reifen, stabile Seitengepäckträger und Seitenkoffer, passende Tankrucksäcke, ordentliche Lederstiefel oder wasserdichte Bekleidung und nicht nur sichere, sondern auch schicke Motorradhelme der Firmen Perfekt oder Wilde. Entweder wurden Handwerker oder kleinere Firmen bemüht, Schuster halfen mit Sonderanfertigungen aus, in privaten Initiativen entstanden so kleine Stückzahlen begehrter Produkte des Zubehörs.

Dieses Eigenbau-Motorradgespann, hergestellt von den Gebrüdern Koch aus Schwerin, war mit einem Trabant-Motor ausgestattet .

Für manch anderen Biker war das »gar nichts«, noch mehr Hubraum und mehr Leistung waren gewünscht. Die Gebrüder Koch aus Schwerin bauten einen speziellen, stabilen Rahmen mit Vollschwingenfahrwerk und versahen das

MZ-Motorrad mit Wankelmotor; in Serie wurde das Motorrad nicht gebaut, der Motor setzte sich nicht durch …

Das schaffen nur Spezialisten – Eigenbau-Rennmaschine mit 2-Zylinder-Motor mit 250 cm³.

Paul Greifzu
Sieger Avus-Rennen
100

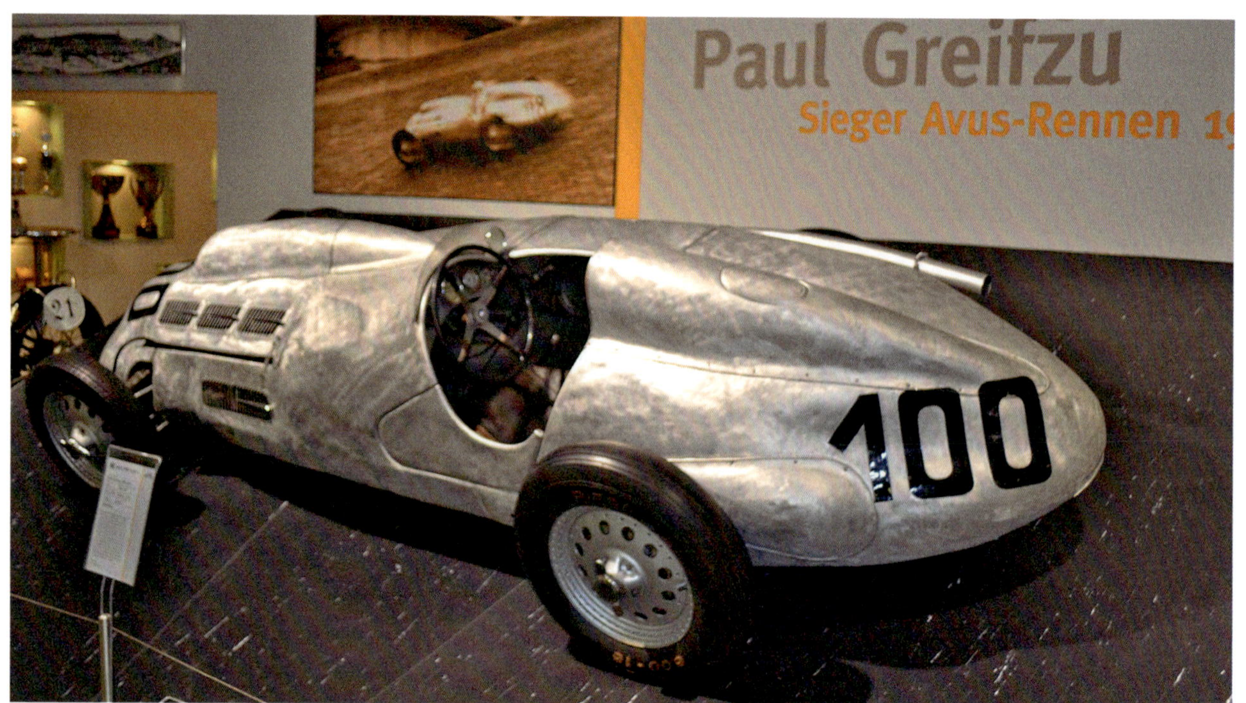

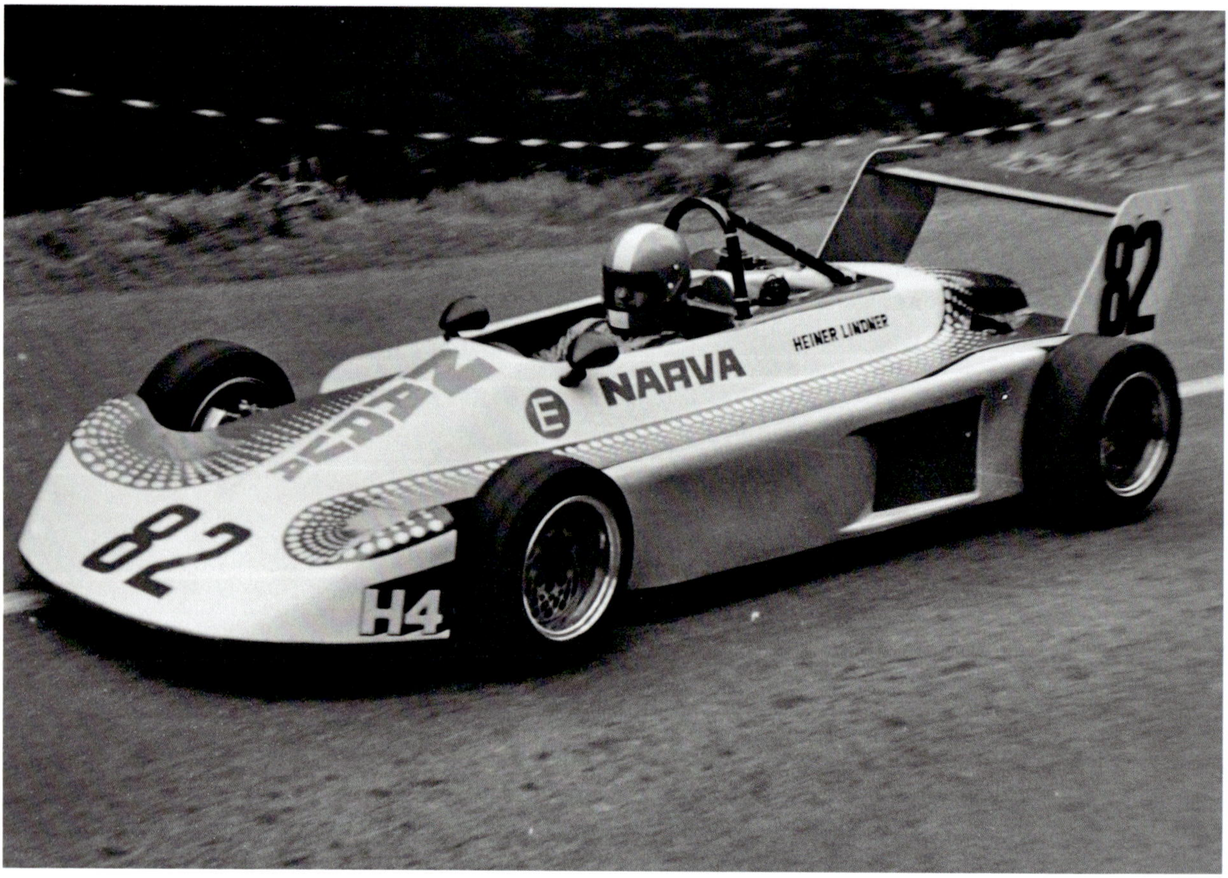
82
HEINER LINDNER
NARVA
82
H4

Im Motorsport blühen die Ideen und der Erfinderreichtum

Der Motorsport in der DDR hat eine Tradition, die 1948/49 mit Rennen in Lutherstadt Wittenberg, auf der Dessauer Autobahn und dem Teterower Bergring begannen. Jedes Jahr kamen zum Rennsport, Langbahnsport und Motorradgeländesport neue Disziplinen dazu. Im Jahr 1957 gründete sich in Berlin (DDR) der Allgemeine Deutsche Motorsportverband und legte ein umfangreiches Sportprogramm fest – Welt- und Europameister im Motorbootrenn- und Geländesport sowie Motocross kamen zwei Jahrzehnte aus der DDR. Doch in diesem Buch geht es nicht um den Motorsport und seine Entwicklung bis 1990 (es gab zwischenzeitlich 19 Disziplinen und unzählige Alters- sowie Hubraumklassen), sondern um Erfinder, Tüftler sowie Bastler. Und die gab es im Motorsport in einer riesigen Vielfalt, so dass der nachfolgende Text noch einmal in einigen Ausschnitten, also Beispielen, an die Diversität der Überlegungen und Anstrengungen dieser Zeit erinnert. Dabei geht es nicht darum, irgendetwas besonders zu loben oder herauszustellen, es soll die Vielfalt aufzeigt werden. Die Leistungswürdigung gilt allen! »Im Motorsport bewährt – im Alltag begehrt« war ein damaliger Werbeslogan, der zum späteren Zeitpunkt »aus dem Verkehr« gezogen wurde, da die (Kfz-)Wünsche im Alltag nicht zu erfüllen waren. Und dann noch zusätzlicher Bedarf im Motorsport! Vor Augen halten möchte sich der Leser, dass in Ludwigsfelde Motorroller, in Suhl und Zschopau Mopeds und Motorräder sowie in Eisenach und Zwickau Personenkraftwagen industriell gefertigt wurden. In diesen Betrieben wurde auch etwas für den Motorsport getan. Oberingenieur und MZ-Rennleiter Walter Kaaden war die treibende Kraft, MZ im Rennsport Internationalität zu verleihen, was auch dieser personell kleinen Rennsportabteilung in den Hubraumklassen 125 cm³ und 250 cm³ bis 1976 gelang. In den 1960er-Jahren gehörte MZ sogar zu den Besten der Welt. Mit den MZ- und Simson-Geländemaschinen waren die Sportler international bis Ende der 1980er-Jahre erfolgreich, holten EM- und WM-Titel. Die Ludwigsfelder stellten Lastkraftwagen und Motorroller her, ließen es sich aber nicht nehmen, auch Rennbootmotoren zu bauen, die bis Anfang der 1970er-Jahre international erfolgreich eingesetzt wurden. Ebenso die eigentlich mit geringer Motorleistung ausgestatten Trabant und Wartburg, regulär gedacht für jedermann im privaten oder beruflichen Einsatz. Doch auch diese Fahrzeuge zeigten im getunten Zustand, dass motorsportlich mit ihnen »etwas anzufangen ist«, sie zusätzlich als zuverlässig galten und deshalb im Motorsport über Jahrzehnte eine Rolle spielten. Das 1950 in Berlin-Johannisthal gegründete IFA-Rennkollektiv wurde 1952 in die Eisenacher EMW-Renn-

links oben: In Berlin-Johannisthal in den 1950er-Jahren hergestellter Formel 2-Rennwagen; später wurde die Rennsportabteilung nach Eisenach verlagert.

links unten: Im Kollektiv gebaut – Formelrennwagen B8 mit 1.300-cm³-Motor

Diese Simson-Rennmaschine der 1950er-Jahre besaß ebenfalls einen Viertaktmotor mit 350 cm³ Hubraum.

oben: Simson- Sportmotorrad mit Viertaktmotor. Es wurde in der Gelände- und Crossausführung gebaut. Der Serienmotor hatte 250 cm³, die sportliche Ausführung 350 cm³.

unten: Simson-Geländemotorrad der 1970er-Jahre mit 50- oder 75-cm³-Motor. Das Getriebe besaß zusätzlich ein Vorgelege, sodass jeder (Fuß-) Gang noch einmal zusätzlich mit der Hand geschaltet (untersetzt) werden konnte.

sportgruppe eingegliedert; wenige Jahre später wurde der Automobilrennsport eingestellt, dagegen hatte die Rallyesportabteilung bis 1990 Bestand. Um im Motocross oder Speedway-Sport bestehen zu können, mussten Motorräder aus dem Ausland importiert werden. Aus Divisov/ČSSR kamen 500-cm³-Jawa-Bahnrennmaschinen und aus Straconice/ČSSR die bekannten Motocross-Motorräder der Marke CZ mit einem Hubraum von 125 cm³, 250 cm³ und 360/380 cm³. Das alles reichte nicht aus, um den Bedarf auf der einen Seite abzudecken; auf der anderen Seite gab es für manche Disziplinen »nichts«, hier musste von Beginn an der Erfindergeist auf »Volllast« gefahren werden.

Junge Leute entwickelten großartige Ideen, forderten in Schulen und Betrieben die Bildung von Arbeitsgemeinschaften. Da Lernen, Ausbildung, Qualifikation und Fortbildung tatsächlich staatlich sanktioniertes Programm war, kamen viele Schul- und Betriebsdirektoren, Werk- oder Abteilungsleiter nicht umhin, sich den vielen Wünschen der technikbegeisterten Jugendlichen zu stellen. Die Pionierhäuser stellten Programme auf, die GST, NVA und DYNAMO wurden aufmerksam und bildeten Sportgruppen mit personeller sowie finanzieller Sicherheit und hervorragenden materiellen und technischen Bedingungen. Die volkseigenen Unternehmen sowie Handwerksbetriebe wie auch Selbstständige, ließen sich »nicht lumpen«, stellten Fachpersonal zur Verfügung, es durften Maschinen benutzt werden; Material, Räumlichkeiten, Werkstätten, Garagen und oft auch Transportmittel standen kostenfrei zur Verfügung, Projekte der MMM wurden aufgelegt.

Auch die Zubehörindustrie nahm den Motorsport sehr ernst. Die Firma ISOLATOR aus Neuhaus-Schierschnitz, Betrieb des IKA, bildete genau wie das Unternehmen MINOL einen Renndienst und war in jedem Jahr bei verschiedenen Wettbewerben vor Ort. Zum Sonderpreis wurden spezielle Zündkerzen, gefettetes und ungefettetes Rennöl sowie hochoktaniger Kraftstoff im Fahrerlager zur Verfügung gestellt. Das Berliner Unternehmen BVF stellte nicht nur spezielle Vergaser her, sondern auch unterschiedliche Düsen und half mit dem Renndienst den Aktiven bei der richtigen Einstellung (Gemischaufbereitung) der Motoren, brachte Luftfilter mit. Das bekannte Unternehmen Pneumant sicherte Sonderkontingente der »Bückware Reifen«

Kleinseriengeländemotorräder in den 1960er-Jahren von MZ und ...

... in den 1980er-Jahren. Das Motorradwerk erfüllte damit die Interessen der Amateur-Geländesportler. Die Motorräder kosteten je nach Ausführung zwischen 3.000 und 8.000 DDR-Mark.

Wartburg 353 in Rallyeausführung; er war in der Klasse bis 1150 bzw. 1300 cm^3 oft erfolgreich und zuverlässig allemal.

Der IKA Renndienst war bis Ende der 1970er-Jahre auf den Rennplätzen unterwegs und half den Fahrern mit elektrischen Bauteilen wie Zündspulen, Unterbrechern oder Zündkerzen.

zu und produzierte zusätzlich Spezialanfertigungen; war im Fahrerlager mit einem Service, um Reifen zu wechseln oder Räder auszuwuchten. Und manche »zivile Unternehmen« entsandten einen Werkstattwagen zum Rennplatz, die den Sportlern kostenfrei halfen. Sie richteten Rahmen, schweißten gebrochene Teile, löteten einen Wasser- oder Ölkühler, besserten Beulen aus, hatten Kleinteile, Schrauben, Muttern, Keilriemen, Ketten, Kettenglieder, Ritzel oder Kettenräder dabei. Sicherlich wurde oft improvisiert, aber am »Ende des Tages« konnte der Sportler nach der Reparatur meistens am Wettbewerb teilnehmen. Um sich verdeutlichen zu können, was das alles betraf, hier eine Übersicht.

Die Tabelle der Disziplinen zeigt den Umfang und die am meisten verwendete Technik in den 1970ern und 1980ern:

Motorradrennsport – MZ, Simson, Eigenbau, Kleinserien der Sportabteilungen, kleinere Handwerksbetriebe und verschiedene Kollektive/Teams (z. B. HB)

Automobilrennsport – Lada, Škoda, Zastava, Wartburg, Trabant, RS 1000 der Firma Melkus, Eigenbau, Kleinserien der Sportabteilungen, verschiedene Kollektive/Teams (SEG)

Geländesport/Enduro – MZ, Simson, Eigenbau, Vereine (auch in Betriebssportgemeinschaften, GST, Dynamo, NVA)

Motocross – ESO, Simson, MZ, CZ, Eigenbau, Vereine (auch in Betriebssportgemeinschaften, GST, NVA, Dynamo)

Trial – Eigenbau, kleine Kollektive

Bahnsport – JAP, ESO/Jawa, Eigenbau, MZ-Motoren für Sandbahnmaschinen

Motoball – Eigenbau (auch in Kollektiven GST, Dynamo)

Rallyesport – Lada, Moskwitsch, Škoda, Polski- Fiat, Wartburg, Trabant

Autocross – ASB, Eigenbau (bis 600 cm³,

bis 1.000 cm³, bis 1.300/1.600 cm³), auch einige Kollektive/Teams
Kartsport – Eigenbau (bis 50 cm³, 125 cm³, 150 cm³), auch in Kollektiven, Jugendkollektiven und GST
Motorbootrennsport – Bootskörper: Yachtwerft Berlin, Bootswerft Ernst/Köpenick, Firma Danisch/Herzfelde, Firma Pfennig/Grünheide und Eigenbau; Motoren: IWL, AWE, Firma Zimpel/Zschorlau, Firma Weida/Berlin (Joachim Weiland), Firma Arens/Berlin, Klaus Driefert/Ludwigsfelde, Sportgruppe Zwickau und Eigenbau

Folgt jetzt die Erkenntnis »… toll, das war doch gar nicht so schlecht, heile Sportwelt, alles in Ordnung …«? Ein bisschen ja, aber diese Antwort wäre zu einfach und oberflächlich. Und sie würde den vielen Initiativen von Einzelnen bis hin zu ganzen Teams nicht gerecht. Es gab wichtige wie auch exzellente technische Umsetzungen, ohne die weder das einzelne Fahrzeug »zum Leben erweckt« noch so manche Disziplin hätte durchgeführt werden können. Es bleiben Bespiele, welche zur Darstellung der Situation wichtigen Bestand haben. Der Umfang selbst ist, bezogen auf die Jahre zwischen 1948–1990, sehr groß.

Am einfachsten ist es zunächst, das zu nennen, was es in der DDR für den Motorsport nicht gab, ohne zu vergessen, dass durch Beziehungen ins Ausland kleinere Bedarfslücken geschlossen werden konnten. Ebenso hatten jene Vorteile, die über »harte Währung« verfügten und so entweder aus der Bundesrepublik oder dem westlichen Ausland sich etwas »mitbringen« ließen. Das war im Vergleich der Vielzahl der Sportler jedoch die Minderheit. Die Mehrheit hatte zu tun, Engpässe zu überwinden und musste allein oder mit Hilfe von anderen Familienmitgliedern, Rennfahrern, Freunden und Kollektiven nach Lösungen suchen.

Autocrosswagen von Perfektionist Peter Mücke/Berlin. Das Fahrzeug besaß zwei Yamaha-Motoren mit je vier Zylindern und wurde von einem Team selbst gebaut.

Was gab es nicht?

In der DDR konnten keine fertigen Rennmaschinen (Motorräder), keine Formelrennwagen, keine Sport- oder Tourenwagen (in Rennausstattung) gekauft werden. Es gab keine Pkw in Rallyeversion, keine Karts (K-Wagen), keine Autocrossfahrzeuge, keine Motoballmaschinen und auch keine Trialmotorräder. Alles entstand im Eigenbau!

Eine Anmerkung ist hier nötig: In den 1960er- und 1970er-Jahren verkauften MZ und Simson jährlich auch

Ein Cross-Gespann konnte nicht gekauft werden, also wurde es in Eigenregie gefertigt.

Torsten Wolff aus Fürstlich Drehna auf CZ 125 cm^3 beim Motocross; sein Vater Ernst war selbst Motorsportler und dann ein begnadeter Techniker und Tuner von 2-Takt-Motoren.

Rennmaschinen, meistens über Motorsportclubs an geeignete Fahrer; es waren jedoch sehr geringe Stückzahlen (unter 20). Auch wurden Kleinserienmodelle der Geländemotorräder aufgelegt und über die Clubs des ADMV an Sportler verkauft. Mit Finanzbudget (Valutamittel) des DTSB konnten über den Imperhandel und Außenhandel kleine Stückzahlen an Cross- und Speedwaymotorrädern, ab und an ein Lada oder Škoda 130 eingeführt werden, die im Motorsport eingesetzt wurden. Das blieb im Vergleich zu den Gesamtstarterzahlen in den Disziplinen und Klassen jedoch »ein Tropfen auf den heißen Stein«.

Ein Fahrzeug besteht aus unzähligen Teilen, angefangen beim Rahmen. Dieser wurde für Formelrennwagen selbst gefertigt, ebenso für Karts oder Autocrossfahrzeuge. Motorradrahmen für Rennmaschinen wurden selbst aufgebaut, genau wie jene für Trial- oder Speedwaymotorräder. Im Eigenbau entstanden Bremstrommeln und Scheibenbremsen, kleine 5-Zoll-Felgen für Karts, Überrollbügel und später Überrollkäfige für Wagen. Verkleidungen für Rennmotorräder und Rennwagen aus Kunststoff wurden in Handarbeit gefertigt und sogar im Windkanal getestet. Spezielle Rennmotoren, mit bis zu vier Zylindern wurden selbst gebaut, sie waren im Motorrad, im Automobil und im Rennboot zu finden. Unterschiedliche Getriebeabstufungen gab es nicht zu kaufen; Spezialisten fertigten diese für Motorrad- und Autogetriebe an. Für ein Trialmotorrad waren ein bis drei »kurze Gänge« für das Passieren der Sektionen, d. h. die Getriebestufungen lagen dicht beieinander. Ein vierter, »langer Gang« war für das Fahren auf den Verbindungswegen notwendig. Ein Rennwagen benötigte für einen Kurs mit vielen aufeinander folgenden Kurven kurze Übersetzungen, für einen Kurs mit langen Geraden oder langen Bergabschnitten »lange Übersetzungen«. Meistens hatte jeder Aktive einige Übersetzungsvarianten dabei, probierte selbige aus und entschied sich dann für die optimale Variante – alles geschaffen im Eigenbau bzw. kleinen Stückzahlen.

Wie wurde gewerkelt?

Grundlage bildeten oft Baugruppen und Teile aus der Serie, die dann umgebaut, optimiert, erleichtert oder frisiert wurden. Der Umfang, bezogen auf den Zeitraum des Bestehens der DDR unter Berücksichtigung der vielen Disziplinen und Hubraumklassen ist so gewaltig, dass darüber ein eigenes Buch geschrieben werden könnte. Deshalb sollen hier einige Beispiele das Engagement der Sportler, Mechaniker und Techniker den Erfinderreichtum widerspiegeln.

Motoren für Trialmaschinen gab es nicht. Viele Jahre wurde ein Jawa-Unterteil (Gehäuse mit Getriebe) verwendet, darauf kam ein MZ-Zylinder (250 cm³) der eine größere Laufbuchse erhielt; mit dem Kolben vom Trabant hatte der Motor dann 300 cm³ und ein höheres Drehmoment im unteren Drehzahlbereich. Diese Brüder Rolf und Peter Gyra aus Oelsnitz im Vogtland oder Günter Ruttloff aus Euba bei Chemnitz leisteten hier die größte Pionierarbeit. Nachdem MZ einen neuen 150 cm³-Motor mit 5 Gängen auf den Markt brachte, ließ es sich Altmeister Frank Böttcher

nicht nehmen, damit »etwas anzufangen«.

Der neue Motor war kleiner und kompakter, also baulich sehr geeignet, nur der Hubraum, und damit Leistung/Drehmoment zu gering. So erhielt das »kleine Gehäuse« einen großen 250 cm³-Zylinder und wiederum angepasste Getriebeabstufungen – selbst international war er damit erfolgreich.

Kartmotoren gab es ebenfalls nicht. Doch auch hier wurde der Fantasie freier Lauf gelassen. Die Kinder waren zehn bis zwölf Jahre alt und benötigten so ein Gefährt. Geeignet für diese Altersklasse war der 50 cm³-Simsonmotor mit drei oder vier Gängen. Die Jüngsten mussten den Motor in Serienausstattung verwenden, ab 14 Jahre war das Frisieren (Leistungssteigerung) erlaubt. Hatte ein Sportler das 16. Lebensjahr erreicht, konnte er in die Klasse 150-cm³-Serie oder 125-cm³-Spezial umsteigen. Zuerst wurden ausschließlich Motore aus Zschopau verwendet, die vier Gänge besaßen. In der Klasse 125 cm³ war das Frisieren erlaubt; hier waren der Fantasie keine Grenzen gesetzt. So wurde der Unterbau vom 250-cm³-Motor mit fünf Gängen zurechtgemacht, der große Zylinder mit 70-mm-Laufbuchse wurde »runter gebuchst« auf 125 cm³.

Am Trabant lässt sich mit einfachen Mitteln arbeiten, das ist heute noch so, und deshalb ist er auch beliebt im Sport.

Selbst gebautes Speedwaymotorrad mit Jawa-Motor 500 cm³. Solch ein Motorrad hat keine Bremsen; gebremst wird mit dem Motor.

Das Trialmotorrad mit Jawa-Motor ist im Eigenbau entstanden und wird heute noch gefahren.

Das spielt eine große Rolle – junge Sportler lassen sich das Montieren eines CZ-Motors von Helmut Schuhmann (Gumpelstadt) erklären.

Die Lösung war noch nicht optimal, MZ lieferte 250 cm^3 Rohlinge, die wurden mittig vorgebohrt und erhielten eine 54-mm-Laufbuchse. Das war eine optimale Lösung. Eine zweite Variante war die Verwendung von CZ-Motocross-Motoren mit 125 cm^3. Diese waren bereits leistungsgesteigert und hatten fünf, später sogar sechs Gänge. Manfred und Volker Reinke aus Kleinmachnow waren hier führend und entwickelten sogar eigene Motoren, bauten ganze Karts selber. Mit Aufbaugenehmigungen schlossen die Automobilrallyesportler so manche Bedarfslücke. Für Pkw bestanden lange Wartezeiten, und wenn er dann abholbereit war, Einsatz im Motorsport? Das geschah in den seltensten Fällen. Entweder wurden Altwagen oder verunfallte/verschlissene Pkw wieder hergerichtet und dann mit den nötigen Tuning und Sicherheitsausstattungen versehen. Eine

Frank Kissmann baut mit seinem Mechaniker in der eigenen Werkstatt einen Rennbootmotor zusammen.

andere Variante war die Aufbaugenehmigung. Dort ein Motor mit Getriebe besorgt, von da eine Karosse beschafft, hier Spezialstoßdämpfer, dort verstärkte Achskörper … irgendwann war das Fahrzeug fertig, hatte aber keine Zulassung. In einer Vereinbarung des ADMV mit dem MDI (Polizei) und der KTA wurde festgelegt, dass solche Wagen bei einer zentralen Abnahme vorzuführen sind. Dort stellten KTA und Polizei den korrekten und verkehrssicheren Aufbau fest, die ADMV-Techniker kontrollierten die Übereinstimmung mit der Homologation (Beschreibung des Gesamtfahrzeuges und seiner Maße nach internationalen Vorgaben) – dann gab es die Zulassung nach StVZO. Obwohl diese »sportlichen Autos« nur für diesen Zweck zugelassen wurden, blieben sie entweder in Privathand oder wurden an den nächsten Interessenten veräußert (siehe Interview Gerhard Bedrich).

Das Problem der Aufbaugenehmigung hatten die Automobilrennfahrer nicht. In den Tourenwagenklassen konnten im Prinzip »ausgediente« Pkw verwendet werden. Sie erhielten ein tiefer gelegtes Fahrwerk, der Motor wurde leistungsgesteigert, die Getriebeabstufungen verändert, Sicherheitsvorkehrungen wurden montiert – und »ab ging die Post«. Beim Trabant war der Erfindergeist scheinbar besonders ausgeprägt. Motor und Getriebe wurden tiefer gelegt, alles was unnütz war, wurde demontiert. Den Motorraum nahmen zwei große, konisch geformte Auspuffanlagen ein – genau berechnet, damit die Leistungssteigerung des Motors sicher war. Die Vorderräder erhielten Duplexbremsen, später die größeren Aluminium-Trommelbremsen vom Wartburg und dann Scheibenbremsen. Selbst die beiden vorderen Scheinwerferringe wurden mit einer Kunststoffwölbung überdeckt, um den Luftwiderstandsbeiwert zu verbessern.

Autos leichter zu machen, war insgesamt wichtig. Gepolsterte Innenverkleidungen wurden durch leichte Platten ersetzt, statt schwerem Glas in den Seitenscheiben war leichtes Acryl angesagt. Bei Pkw mit Kotflügeln aus Stahlblech wurden selbige durch Kunststoff ersetzt; Motor- oder Kofferraumhauben waren nicht mehr aus Stahlblech, sondern Aluminium. Und die leichte Kunststoffbeplankung (Baumwollfasern und Phenolharz = Duroplast) beim Trabant wurde durch dünnere Teile ersetzt (im Original ca. 100 Schichten, wahrscheinlich dann

Ein Eigenbau-Autocross-Fahrzeug wird auf der Motorsportausstellung in Berlin präsentiert.

Die serienmäßige MZ 150 cm³ wurde etwas umgebaut, erhielt einen 25-Liter-Tank und einen neuen Lack.

Frisierte Rennwagen vom Typ Trabant 601 werden auch heute noch gern genutzt.

Spezialanfertigung aus 50 Schichten). Das ursprügliche Gewicht von ca. 700 kg wurde so auf 500 kg erleichtert. Noch mehr mussten sich die Formelrennwagen-Fahrer ins Zeug legen, denn es gab keinen serienmäßigen Hersteller dieser Fahrzeuge. Heinz Melkus aus Dresden hatte mit seinem Team den schicken Sportwagen RS 1000 entwickelt und dann in 100 Exemplaren gebaut, aber offene Formelwagen? Hier taten sich Teams zusammen und verteilten die Arbeit in Gruppen. Hartmut Thaßler aus Leipzig, selbst Rennfahrer, fertigte in seiner Firma Karosserieteile (Verkleidungen für die Formelwagen) aus Kunststoff. Einige Fahrer schlossen sich zusammen und bauten Rahmen aus Rundrohr, andere aus Vierkantrohr. Motoren wurden auch in »kleinen Gruppen« frisiert, jedoch Geheimnisse und Erfahrungen oft auch für sich behalten. Der Motor saß längs in Fahrtrichtung hinter dem Fahrer, ein passendes Getriebe gab es nicht. So wurden in einigen Ausführungen ursprüngliche Getriebe vom Wartburg 311 angepasst, auch das stabile Getriebe vom Saporoshez (SAS 965/968) wurde verwendet. Der Tank musste genau wie jedes Element der Achsen und Radaufhängung im Eigenbau angefertigt werden. Die verwendeten Motore, bis 1.000 cm^3 vom Wartburg, später dann bis 1.300/1.600 cm^3 vom Lada (WAS 2102/2103), waren frisiert und über Jahre gut geeignet. Fast vergessen ist übrigens die kleine Formelklasse, die der Kfz- Meister Schulz aus Köthen entwickelt hatte; als Antrieb diente der Trabant-Motor mit 600 cm^3.

Nicht leicht hatten es die Motorradrennsportler. Nur wenige besaßen eine ausgediente Werks-MZ; die meisten Fahrer beschafften sich ein Motorrad aus dem Ausland und arbeiteten es auf.

Andere wiederum bauten ganze Motorräder samt Motoren selbst. Bernd Köhler aus Zschopau baute/schweißte einen Aluminiumrahmen aus Kastenprofil. Ralf Schaum (siehe Interview) aus der Nähe von Halle/S. baute eine ganze 50 cm³-Rennmaschine selbst. Hartmut Bischoff aus Weinböhla war ein erfolgreicher Rennfahrer auf MZ und begnadeter Techniker. Er widmete sich der 250 cm³-Einzylinderklasse, da dieses Motorrad kostengünstig aufzubauen war. Er fuhr selbst noch Kartrennen und nutzte dafür einen umgebauten MZ-Motor. Aus seiner kleinen Werkstatt erhielten viele Rennfahrer Spezialanfertigungen von Motoren, Bremsen, Rädern und vielen Zubehörteilen. Christian Heiduschke (siehe Interview) betreute den Rennfahrer Michael Freudenberg, der in der 1-Zylinder-Klasse bis 250 cm³ äußerst erfolgreich war. In Berlin baute der Rennfahrer Olaf Zingel einen 2-Zylinder-Motor mit 250 cm³, die Zylinder saßen versetzt und arbeiteten nach dem Tandemprinzip. Oder Bernd Göpfert (siehe Interview) schaffte es, in

Einer der ersten Melkus RS 1000 präsentiert im Jahr 1970 in Dresden

Sportwagen RS 1000 der Dresdner Firma Melkus; von diesem Wagen wurden ca. 100 Exemplare gebaut.

Einzylinder-Drehschiebermotor für einen Rennsportmotorboot; deutlich ist die Öffnung auf der Drehschieberseite für das Ansaugen des Kraftstoff-Luft-Gemischs zu sehen.

seinem Betrieb Simson-Rennmotore bis 50, später 80 cm³ in Kleinserie zu bauen; am Ende stand sogar das Projekt einer 125-cm³-Maschine.

Als wirklich wichtiges Beispiel der innovativen wie auch erfolgreichen Arbeit dürfen die Entwickler der Rennbootmotore nicht vergessen werden. In Ludwigsfelde bei IWL, im Eigenbau bei Firma Zimpel, bei Metallbaumeister Holger Arens in Berlin oder Klaus Driefert in Ludwigsfelde. Der Berliner Günter Bischoff baute Mitte der 1970er-Jahre sogar einen 4- Zylinder-Rennbootmotor mit 350 cm³ (Klasse OB). Viele Fahrer ernteten mit den Motoren bis 175 cm³ (OJ), 250 cm³ (OA), der Klasse OB und 500 cm³ (OC) internationale Erfolge. Dazu gehört auch die frisierte Wartburgmaschine aus Eisenach, die in der Rennbootklasse R 1000 über Jahre sehr souverän eingesetzt und vielen Fahrern einen Sieg bescherte (siehe Interviews Blumenthal, Driefert, v. Freyberg).

Am Ende dieser Betrachtung darf das Thema Bekleidung nicht fehlen. Bekleidung an sich war in der DDR keine Mangelware; anders sah es bei sportlicher und Sicherheitsbekleidung aus. Motorradfahrerhelme (auch in den Automobildisziplinen vorgeschrieben) gab es von der Firma Perfekt und Wilde. Die waren verwendbar, genügten aber nur wenigen Ansprüchen und nicht unbedingt als modern zu bezeichnen. Autorennfahrer sollten schwer entflammbare Sicherheitsbekleidung tragen (Overalls), die gab es gar nicht. In Mühlhausen entdeckte der ADMV einen Produzenten, ließ in der Kunsthochschule Berlin-Weißensee Muster anfertigen. Diese Muster wurden genau wie ein neuer Helm nach Finnland in ein zertifiziertes Prüfinstitut gesandt – Ergebnis: »Anerkannt und zugelassen«. Das deckte dann etwas den Bedarf; viele Fahrer ließen sich Rennsportbekleidung schicken oder brachten sich Artikel aus dem Ausland mit. Motocross und Endurostiefel waren kaum zu haben, kleine Handwerksbetriebe/Schuster fertigten geringe Stückzahlen. Am schwierigsten war Rennsportbekleidung (Motorradrennen, Kartrennen, Speedway, Sandbahn) aus echtem Leder, die zusätzlich an den Knien oder Gelenken Verstärkungen (heute Protektoren) haben sollten. Es gab auch hier nur geringe Einzelanfertigungen, die meisten Sportler mussten sich das irgendwie beschaffen. Von Produkten aus Kunstleder wurde Abstand genommen, da diese bei starken Belastungen/Abschürfungen dann in die Hautoberfläche eindrangen und unangenehme Verletzungen hervorriefen. Ab und an, gelang es dem ADMV (über den DMSB) geringe Stückzahlen an Schutzbekleidung/Helmen aus dem westlichen Ausland zu beziehen. Hier konnten jedoch nur die Nationalkader damit ausgestattet werden. Das galt im übrigen auch für Sicherheitsschwimmwesten für die Motorbootrennfahrer.

Meine Hand für mein Produkt – deutsche Wertarbeit

Eine kleine Story, die sich in Woltersdorf bei Berlin anlässlich einer Trialveranstaltung im November in den 1970er-Jahren zugetragen hatte, soll dieses Kapitel mit Heiterkeit beenden. Zu Gast beim Trialwettbewerb waren auch Fahrer aus Ricany/ČSSR, einem kleinem Ort bei Prag. Die Motorräder waren im Transporter verstaut, vorn in der Kabine Fahrer und Beifahrer, die Sportler fuhren im separaten Bus. In Woltersdorf knickte vom Transporter ein Vorderrad ab, der Wagen war nicht mehr fahrbar. Nach dem Entladen der Motorräder wurde das Fahrzeug aufgebockt, das Vorderrad fiel dem Helfer entgegen, die Achse der Einzelradaufhängung war gebrochen. Selbige hatte einen konischen Durchmesser von ca. 4–6 cm, eine Hälfte stecke im äußeren Radkörperteil, die andere Hälfte im Querlenker. Alles wurde demontiert, dann fuhren Egon (Spezialist im Schweißen) und Werner (Spezialist im Drehen) in eine Werkstatt, die u. a. Bootswendegetriebe herstellte. Zuerst wurde der Radkörper erwärmt (Ausdehnung), damit der gebrochene Achsstummel sich lösen konnte. Dann wurden beide gebrochenen Teile gleichmäßig erwärmt und an mehreren Stellen vorsichtig durch punktuelles Schweißen arretiert. Anschließend fräste Werner um die Bruchstelle ringsherum eine keilförmige Nut. Nach diesem Vorgang begann Egon behutsam Zentimeter um Zentimeter die Nut zuzuschweißen. Die nunmehr stabil und unlösbar verbundenen beiden Stücke wurden von Werner auf die Drehbank genommen und konisch auf den ursprünglichen Originaldurchmesser abgedreht. Die Achse sah aus wie neu, wurde eingebaut, das Rad montiert und am Montag dem Team gute Heimfahrt gewünscht – »fahrt vorsichtig, man weiß ja nie». Ein Jahr später trafen wir die Gruppe mit dem Transporter wieder; unsere Frage war natürlich »Was hat die neue Achse gekostet, gab es ein Problem beim Wechseln?« – »Es gab kein Problem – wir fahren die reparierte Achse immer noch!« Erst Mitte der 1980er-Jahre wurde das Auto »altersschwach« verschrottet. Die Achse wurde jedoch ausgebaut und fand als Andenken an die »deutsche Wertarbeit« im Prager Büro einen würdigen Platz. Egon und Werner hatten ohne Starallüren mit ihren Händen etwas geleistet, woran heute so mancher sich ein Beispiel nehmen kann. Von solchen Typen, die oft den Ruf eines »Edelbastlers« hatten, gab es in der DDR zum Glück viele.

Das ist das übrig gebliebene, damals geschweißte Achsteil, es blieb auf dem Schreibtisch in Prag zur Erinnerung.

Der bekannte Tuner Helmut Aßmann aus Gotha erklärt den Trabant-Rennmotor.

Hunderte Leipziger besuchen das K-Wagen-Rennen, aufgenommen 1964. K-Wagen war in der DDR bis 1990 die offizielle Bezeichnung für Gokarts. Bild: picture alliance/ZB|ddrbildarchiv.de

In Pionierhäusern, Lehrwerkstätten, Schulen und Betrieben der DDR wird »gebastelt«

Die Geburtsstunde der vierrädrigen Minirenner liegt in den 1950er-Jahren. Der Überlieferung nach wollte in den USA ein Vater seinen Kindern etwas Besonderes schenken. Er verschweißte Rohre zu einem Rahmen, montierte daran luftbereifte Räder und nutzte einen benzingetriebenen Rasenmähermotor für den Antrieb. In die Mitte kam ein Sitz, dazu Lenkrad und Bremsgestänge – und schon rollte das Gefährt zur Freude der Kinder. Später sollen Soldaten, die zu jener Zeit in der Bundesrepublik stationiert waren, die Idee mitgebracht haben. Aus abgewrackten Flugzeugteilen, Stahlrohren und Räsenmäher- oder Kettensägenmotoren entstanden kleine Flitzer, die dann auf den Rollbahnen der Flugplätze ausprobiert wurden. Bis heute hat sich das damalige Grundprinzip des technischen Aufbaus solcher Fahrzeuge erhalten. Der geschweißte Rahmen aus Rund- oder Vierkantrohr ist ungefedert, hat vier luftbereifte Räder, die in den Anfangsjahren von Sackkarren stammten. Als Antrieb der starren Hinterachse diente ein Kettensägen-, Rasenmäher-, Moped- oder Motorradmotor. Auf der starren Hinterachse saß eine Trommelbremse, die damit beide Räder gleichzeitig bremste. Die beiden Vorderräder wurden über ein kleines Gestänge direkt angelenkt; anfangs waren sie noch ungebremst. In der Mitte des Gefährts saß der Fahrer. In der (alten) Bundesrepublik wurde 1960 beschlossen, den Motorsport mit solchen Fahrzeugen unter dem Begriff »Go-Kart-Sport« offiziell einzuführen.

Auch in der DDR fanden junge Menschen daran Interesse und lagen wahrscheinlich den Eltern, Lehrmeistern, Fahrzeugschlossern und Pionierleitern auf der Seele: »Das möchten wir auch.« Um sich – wie dies üblich war – abzugrenzen und sich nicht mit US-amerikanischen Begriffen zu identifizieren, erhielt die neue Sportart, angelehnt an den Begriff Kleinwagen, den Namen »K-Wagensport«. Als erste entwickelte die DDR-Zeitschrift »Jugend und Technik« die Idee und rief dazu auf »Wer baut K- Wagen?« Dem schloss sich bald der »Illustrierte Motorsport« an. Sogar erste Baupläne wurden veröffentlicht, und im November 1961 wurden auf dem Leipziger Messegelände die ersten Eigenbauten vorgestellt und vorgeführt. Von da an nahm die Entwicklung einen rasanten

3 Minirenner erorbern Herz und Verstand

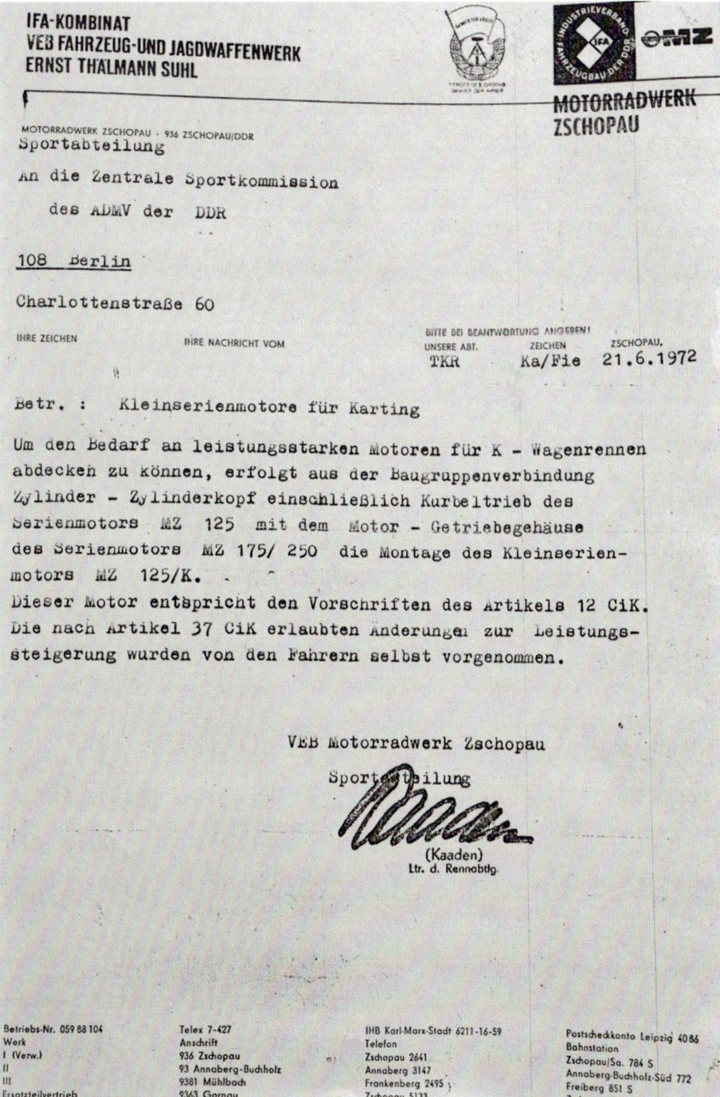
IFA-KOMBINAT
VEB FAHRZEUG-UND JAGDWAFFENWERK
ERNST THÄLMANN SUHL

MOTORRADWERK ZSCHOPAU

MOTORRADWERK ZSCHOPAU · 936 ZSCHOPAU/DDR
Sportabteilung

An die Zentrale Sportkommission
des ADMV der DDR

108 Berlin

Charlottenstraße 60

IHRE ZEICHEN — IHRE NACHRICHT VOM — BITTE BEI BEANTWORTUNG ANGEBEN! UNSERE ABT. TKR — ZEICHEN Ka/Fie — ZSCHOPAU, 21.6.1972

Betr. : Kleinserienmotore für Karting

Um den Bedarf an leistungsstarken Motoren für K - Wagenrennen abdecken zu können, erfolgt aus der Baugruppenverbindung Zylinder - Zylinderkopf einschließlich Kurbeltrieb des Serienmotors MZ 125 mit dem Motor - Getriebegehäuse des Serienmotors MZ 175/ 250 die Montage des Kleinserienmotors MZ 125/K.

Dieser Motor entspricht den Vorschriften des Artikels 12 CiK. Die nach Artikel 37 CiK erlaubten Änderungen zur Leistungssteigerung wurden von den Fahrern selbst vorgenommen.

VEB Motorradwerk Zschopau
Sportabteilung

(Kaaden)
Ltr. d. Rennabtlg.

Betriebs-Nr. 059 88 104
Werk
I (Verw.)
II
III
Ersatzteilvertrieb

Telex 7-427
Anschrift
936 Zschopau
93 Annaberg-Buchholz
9381 Mühlbach
9363 Gornau

IHB Karl-Marx-Stadt 6211-16-59
Telefon
Zschopau 2641
Annaberg 3147
Frankenberg 2495
Zschopau 5133

Postscheckkonto Leipzig 4086
Bahnstation
Zschopau/Sa. 784 S
Annaberg-Buchholz-Süd 772
Freiberg 851 S
Zschopau/Sa. 784 S

Nach offizieller Bestätigung von MZ gegenüber dem ADMV wurde der 125 cm³-Motor von der CIK zugelassen (homologiert).

Kompakter Eigenbaukartmotor 125 cm³ von Lutz Döpmann

rechts: Den wassergekühlten MAVO-Kartmotor 125 cm³ entwickelten Manfred und Volker Reinke aus Kleinmachnow.

Verlauf. Der ADMV erließ offizielle technische Bestimmungen für die Herrichtung der kleinen Renner. Obwohl es in der DDR außer Bauanleitungen keine vorgefertigten »Baukästen«, keine Baugruppen, keine kleinen Felgen, keine Rennsportteile gab, entstand ein Boom in privaten Werkstätten, in den Lehrwerkstätten vieler Betriebe, bei der GST, in den Pionierhäusern und Motorsportklubs.

Aus dem Mangel erwuchs Eigeninitiative

Dem Erfindergeist waren keine Grenzen gesetzt; warum auch? Aus Theorie wurde Praxis, aus Langeweile wurde intensive Beschäftigung, aus ersten Versuchen entstanden ganze Heerscharen von kleinen Flitzern. Simson-Motore, mit Dreigang-, später mit Viergangschaltung und 50 cm³ Hubraum, von der MZ-RT 125 cm³ mit 3-Gang-Getriebe und später MZ-ES mit 4-Gang-Getriebe verliehen dem kleinen Gefährt Kraft und Geschwindigkeit. Was es nicht gab, wurde selbst gebaut oder irgendwie als Basisprodukt beschafft. Die Räder stammten in den 1960er-Jahren von Sackkarren, später von Motorrollern aus Ludwigsfelde. Von Anfang an wurde Wert darauf gelegt, möglichst viele Teile zu verwenden, die regulär von der Industrie gefertigt wurden. Zwar für einen anderen Zweck oder anderen Nutzen, aber nunmehr auch für den Motorsport.

Die Jugendlichen waren zu dieser Zeit »Feuer und Flamme«, sodass Mitte der 1960er-Jahre ein Boom einsetzte. In den Betrieben waren die Ausbilder oder Betriebsleiter stolz darauf, dass ihre Lehrlinge in der Freizeit tüftelten, sägten, schweißten, lackierten oder Motoren frisierten. Und man unterstützte die Tüftler, wo es nur ging. Die Betriebe stellten Werkstätten und Material zu Verfügung, Facharbeiter halfen und die eine oder andere »Bückware« wurde getauscht. Der Erfinderreichtum war angestachelt, technisches Interesse wurde geweckt, auf abgesperrten Strecken konnte endlich »die Sau rausgelassen« werden. Das Pneumant-Reifenwerk in Heidenau entwickelte spezielle 5-Zoll-Reifen, welche die großen Sackkarrenräder ersetzten und damit höhere Kurvengeschwindigkeiten möglich waren. Bessere Bremsen wirkten

Luftgekühlter MZ-Rennmotor mit Drehschiebereinlass und selbiger Motor mit wassergekühltem Zylinder. Diese Aggregate sind im Eigenbau gefertigt.

auf beide Vorderräder und die Hinterachse; sie bekamen leistungsfähigere Beläge, später griffen Scheibenbremsen. Anfangs wurden die Bremsen mit einem Seilzug betätigt, später kamen hydraulische Bremsen zum Einsatz. Die Motoren wurden standfester und die nunmehr berechneten konischen Auspuffanlagen verhalfen den Zweitaktern zu mehr Leistung. Die Tüftler hatten im gewissen Sinne freie Hand; es mussten zwar technische Rahmenbestimmungen eingehalten werden, doch das »Innenleben« der Fahrzeuge war den Sportlern im Grunde freigestellt. Das begann bei der Getriebeabstufung, ging über die Motorenkonfiguration bei Verwendung geschmiedeter Kolben oder Verdichtung des Brennraumes, bis hin zur Anordnung verschiedener Bedienelemente. Unnötiges Material wurde weggefräst oder weggelassen, damit die Wagen weniger Eigengewicht hatten. In den 1980er-Jahren erhielten die Karts auch noch einen seitlichen Schutz am Rahmen, da es immer wieder vorkam, dass sich bei Überholvorgängen die Räder berührten oder sich sogar im anderen Kart verhakten – Sicherheit sowie Unfallschutz war als technisches Element ebenso angesagt.

An einigen Beispielen soll noch einmal deutlich werden, mit wie viel Ideen- und Erfinderreichtum das Heer der Bastler, Tüftler und Mechaniker ans Werk ging. In Kleinmachnow bei Berlin konzentrierten sich Fahrer Volker und Vater Manfred Reinke auf den CZ-Motor, friesierten ihn und gaben ihm eine hohe Standfestigkeit. In der Werkstatt wurden Rahmen gefertigt, die internationalen Ansprüchen genügten und eine hohe Verarbeitungsqualität besaßen. Als die Sackkarrenräder durch die kleineren 5-Zoll-Räder ersetzt wurden, gab es zwar Reifen, jedoch keine Felgen dafür. Aus großen Aluminiumblöcken wurden die Felgen nunmehr auf der Drehbank gefertigt; 20 % des Ursprungsmaterials waren dann »fertige Felge«, 80 % Spanabfall! Auch hier setzte der Erfindergeist ein: Werkzeuge wurden gebaut, damit aus Alumi-

rechts oben: Eigenbaukart Mitte der 1960er-Jahre mit 125-cm³-MZ/RT- Motor; die Räder stammten vom Motorroller, einige Jahre vorher hatte man noch Schubkarrenräder genutzt.

rechts unten: Eigenbaukart der 1980er-Jahre mit 250er-MZ-Motor, aber 125 cm³ Hubraum

niumplatten nunmehr der Felgenkörper maßgenau gedrückt werden konnte. Die Nachfrage war so groß, dass der ADMV dafür sorgte, dass sich die Beiden selbstständig machen konnten – in der DDR keine Selbstverständlichkeit. Es entstand die Firma MAVO. Ein zweiter sehr bekannter und anerkannter Sportler hatte unweit von Meißen, in Weinböhla, seinen Wirkungskreis: Hartmut Bischoff. Er gehörte in den 1960er- und 1970er-Jahren zu den besten Motorradrennfahreren in der DDR und war ein geschickter Tüftler und Handwerker, ein »Meister seines Fachs«. Nach Ende seiner Motorradrennfahrerlaufbahn baute er Karts und fuhr selbst sehr erfolgreich. Noch erfolgreicher war aber seine technische Arbeit. Für viele MZ-Rennfahrer fertigte er Kleinteile, wie Bremssättel für die Scheibenbremsen, hydraulische Bremsanlagen, frisierte und reparierte Motoren auf MZ-Basis. Er nutzte im K-Wagensport/Klasse 125 cm³ den MZ-Motor als Antriebsquelle, denn damit hatte er Erfahrung. Die 250er-MZ verfügte über fünf Gänge, der 125er-Motor jedoch nur über vier. Fünf Gänge waren aber besser für die meist sehr kurvenreichen Strecken. So baute er auf das große Fünfgang-Unterteil (Getriebe- und Kurbelgehäuse) einen 125er-Zylinder! Der hatte jedoch kleinere Kühlrippen als der 250er-Zylinder, sodass es thermische Probleme gab. Der große Zylinder war besser geeignet. Die 250er-Laufbuchse (ca. 70 mm Innendurchmesser) wurde auf ca. 54 mm »herunter gebuchst«, sodass der Hubraum von 125 cm³ eingehalten wurde. Doch auch diese Variante war nicht optimal, denn bei höheren Temperaturen kam es durch die Ausdehnungen zu Verwerfungen der Buchse, die Kolben gingen fest. Im MZ-Werk war man von Bischoffs Idee so begeistert, dass man ihm 250-cm³-Zylinderrohlinge ohne Bohrung zur Verfügung stellte. Diese wurden direkt mit einer 125er-Laufbuchse, die nur 54 mm Durchmesser hatte, bestückt. Von außen betrachtet, vermutete die Konkurrenz zu Anfang immer, dass Hartmut Bischoff mit einem 250-cm³-Motor fahren würde, doch das sah eben nur so aus. Der Motor erhielt später von Oberingenieur Walter Kaaden/Zschopau sogar die Homologation bestätigt, damit waren internationale Einsätze möglich.

Der gewiefte Techniker Bischoff kam aber noch auf weitere Ideen. Um den Vortrieb beim Beschleunigen zu erhöhen, montierte er auf der Hinterachse nicht nur links und rechts ein Rad, sondern in der Mitte ein Drittes, denn in den ADMV-Regularien war vergessen worden, festzulegen, dass Karts nur vier Räder haben dürfen. Zwar funktionierte die Konstruktion, doch die Straßenbeläge waren teilweise so uneben, dass eines der drei hinteren Räder oft keine Bodenberührung hatte oder der Wagen unruhig fuhr. Nach zwei Jahren war diese Entwicklung Geschichte. Dafür zauberte er eine weitere Neuerung aus dem Hut. Ein Kart hatte in der Regel drei Pedale für Gas, Bremse und Kupplung. Um am Start rasanter beschleunigen und dabei schalten zu können, kam er auf die Idee, mit Handgas zu arbeiten. Im Lenkrad montierte er einen Gasdrehgriff, die Füße hatten also nur noch zwei Pedale zu bedienen – eine Revolution und heute wohl in dieser perfekten handwerklichen Ausführung kaum noch bezahlbar.

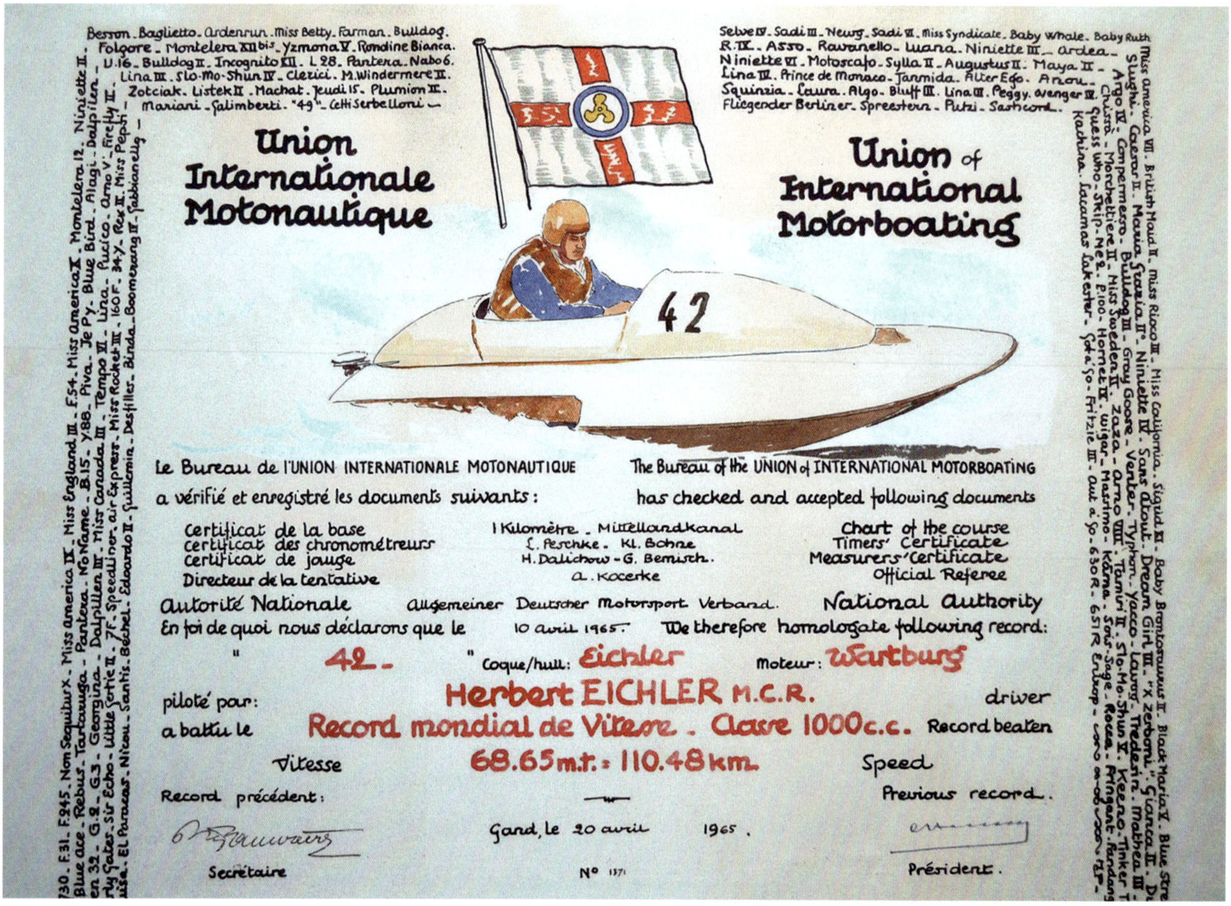

Union Internationale Motonautique

Union of International Motorboating

Le Bureau de l'UNION INTERNATIONALE MOTONAUTIQUE a vérifié et enregistré les documents suivants:

The Bureau of the UNION of INTERNATIONAL MOTORBOATING has checked and accepted following documents

Certificat de la base	1 Kilomètre - Mittellandkanal	Chart of the course
Certificat des chronométreurs	L. Peschke. Kl. Bohne	Timers' Certificate
Certificat de jauge	H. Dalichow - G. Bemisch.	Measurers' Certificate
Directeur de la tentative	A. Kocerke	Official Referee
Autorité Nationale	Allgemeiner Deutscher Motorsport Verband.	National Authority

En foi de quoi nous déclarons que le 10 avril 1965. We therefore homologate following record:

" 42. " Coque/hull: Eichler Moteur: Wartburg

piloté par: Herbert EICHLER M.C.R. driver

a battu le Record mondial de Vitesse . Classe 1000c.c. Record beaten

Vitesse 68.65 m.r. = 110.48 km. Speed

Record précédent: — Previous record.

Gand, le 20 avril 1965.

Secrétaire N° 1371 Président.

Der Beweis: Diese Urkunde wurde für den Weltrekord ausgestellt.

Der Wartburg-Motor im R1-Rennboot wird kontrolliert, die obere Verkleidung des Bootes ist abgenommen.

Mit dem Wartburg-Motor zur Motorbootweltmeisterschaft

Das ist schon irgendwie verwunderlich: In Eisenach wird über Jahrzehnte ein Pkw-Motor gebaut, der sicherlich nicht dafür vorgesehen war, einmal einen Weltmeistertitel zu erringen. Und dass der 3-Zylinder-Zweitaktmotor auch noch als Antriebseinheit für ein Boot diesen sollte, mag manchen Leser verwundern: »Hier will man uns zum Narren halten!« Weit gefehlt, Sie werden staunen, wenn Sie Folgendes lesen.

Die Geschichte des Wartburg-Motors im Motorbootrennsport begann im Jahr 1955, als die DDR in die Union Internationale Motonautique (UIM) aufgenommen wurde. Anlässlich einer Sitzung stellten die Delegationen der DDR und der BRD den Antrag, den Zylinderinhalt der Klasse E 01 (Europäische Sportboote bis 800 cm³) auf 900 cm³ zu erhöhen. Dem wurde zugestimmt, damit war der Weg frei, in dieser in beiden Teilen Deutschlands sehr beliebten Rennklasse, den IFA-F9-Motor (DDR) und DKW-Motor (BRD) einzusetzen.

Diese Klasse wurde seit 1955 gefahren und war mit 700-cm³-Motoren der Marken IFA-F8 oder DKW etwas untermotorisiert. Mit dem Produktionsbeginn des Wartburg 311 waren in der Saison 1956 auch schon die ersten Motoren im Einsatz. Es wurden nur Serienmotoren mit einer nachgewiesenen Mindeststückzahl (5.000) und ohne mechanische Bearbeitung irgendwelcher Teile erlaubt. Der Motor hatte 27 kW/37 PS bei 4.000 U/min. Durch andere Auspuffabstimmung und veränderte Düsenbestückung des Vergasers erreichte man für den Rennbetrieb bereits 33 kW/45 PS bei 4.500 U/Min.

Nach Aufzeichnungen von Olaf König/Dresden

Rekorde!

Der erste Geschwindigkeitsweltrekord mit einem Wartburg-Motor wurde am 24.11.1957 auf dem Scharmützelsee bei Bad Saarow (Brandenburg) gefahren. Werner Rex erzielte mit seinem

Der 3-Zylinder-Wartburg-Motor ist gut zu erkennen, ebenso die seitlich angebrachten Vergaser.

Auch wenn sie eigentümlich aussehen – im Eigenbau hergestellte 4-Zylinder-Rennbootmotore waren international erfolgreich.

Boot »Secunda« über die Statutmeile (1609,3 Meter) eine Geschwindigkeit von 67,76 km/h. Das Boot war eine Konstruktion von Helmut Fugmann, der für das Rennboot-Kollektiv der VEB Yachtwerft Berlin arbeitete. 1958 gab es dann die erste Europameisterschaft in der Klasse E 01 auf der Elbe in Dresden. Der Berliner Herbert Leide (DDR) raste mit seinem Wartburg-Motor zum Europameisterschaftstitel. Ein Jahr später folgte der nächste Paukenschlag. In Dessau auf der Elbe fand 1959 die zweite EM der Klasse E 01 statt. Nicht der haushohe Favorit Herbert Leide, sondern der junge Nachwuchsfahrer Herbert Elsner ließ seinen Zweitaktmotor »freien Lauf«. 1962 erhielt der Wartburg einen Motor mit 1000 cm³ Hubraum. Das betraf die Klasse E 01 noch nicht, denn die Schleifmaße ließen maximal einen Hubraum von 910 cm³ zu. Im Folgejahr wurden zusätzliche Tuningmaßnahmen erlaubt, sodass zum Beispiel der serienmäßige Motor mit einem Vergaser durch die Variante mit zwei Vergasern aus dem Wartburg 313 oder mit drei Vergasern aus dem Formel-Junior-Rennwagen ersetzt werden konnte. Damit waren Leistungen bis zu 51 kW/70 PS möglich. Ab 1964 war dann die Hubraumerweiterung auf 1.000 cm³ gestattet, so konnte der vom Hubraum größere Wartburg-Motor eingesetzt werden. Der letzte Weltrekord in dieser Klasse wurde von Fritz Rüffer aus Potsdam Ende 1965 auf dem Mittellandkanal bei Magdeburg mit 92,154 km/h über die Statutmeile aufgestellt.

Ab 1965 verringerte sich leider die Teilnehmerzahl unter fünf, daher wurde nach 1969 in beiden Teilen Deutschlands die Klassen aus dem Programm verbannt. International war jedoch kein Ende geplant; die Klasse E 01 wurde durch die Klasse S 1 (Innenbordsportboote bis 1.000 cm³) abgelöst. Im ADMV wurde die Idee, eine schnelle Rennbootklasse mit einem kostengünstigen Serienmotor zu schaffen, in Angriff genommen. Dafür bot die in Europa stark vertretene Motorengruppe von 900 bis 1.000 cm³ und Leistungen von ungefähr 29 kW/40 PS die besten Voraussetzungen.

Die Berliner Dynamosportler bauten ein Dreipunktboot mit 900 cm³ Wartburg-Motor und erreichten unter

Wassergekühlter IWL- Motor für den Motorbootrennsport

Einzylinder-Drehschiebermotor für den Motorbootrennsport; deutlich ist die Öffnung auf der Drehschieberseite für das Ansaugen des Kraftstoff-Luft-Gemischs zu sehen.

Kaum zu glauben: Diese Rennboote Made in GDR waren wahre Geschwindigkeitswunder.

Rennbootmotore sind sehr kompakt und oft in Kleinserie oder im Eigenbau entstanden.

Eigenbautransportanhänger aus Ludwigsfelde für Rennboote. Farbe und Form vom B1000 und Anhänger bildeten eine Einheit.

Eigenbau-3-Zylinder- Rennbootmotor, gefertigt von Klaus Driefert aus Ludwigsfelde.

Die 4-Zylinder-Ausführung des Rennbootmotors hatte 250 bzw. 350 cm³.

Verwendung eines E-01-Propellers auf Anhieb 94 km/h. Damit war die nationale Klasse ER 1000 (Einbaurennboote bis 1.000 cm^3) geboren. Es entwickelten sich ab Anfang der 1960er-Jahre Hochburgen; in Berlin griff auch der spätere vielfache DDR-Meister und Bootsbauer Bernhard Danisch mit in das Geschehen ein, in Rochlitz war Gottfried Skunde das Zugpferd. Die Unterstützung des Automobilwerkes Eisenach wurde 1962 gesichert, schon war eine dritte Hochburg geboren. Schließlich stand hier die Geburtsstätte des Wartburg-Motors mit 1.000 cm^3. Es kamen fast ausschließlich drei Vergasermotoren zum Einsatz, da das Reglement die Vergaseranzahl freigestellt hatte. Meistens wurden die Rennvergaser der Marke BVF (Berliner Vergaserfabrik) des Typs M3 verwendet. Als Vorbild diente der frisierte Motor im Formel-Junior-Rennwagen des Dresdners Heinz Melkus. 1965 war es dann soweit, die von der DDR beantragte Klasse ER 1000 wurde durch die UIM unter der neuen Bezeichnung LX 1000 (Internationale Einbaurennboote bis 1.000 cm^3) anerkannt. Von nun an mussten die Motoren der Formel 3 des

Automobilsports entsprechen und für den Rennsport zugelassen sein. Erlaubt waren allerdings zwei Vergaser mit unbegrenztem Durchlass. Die alte Lösung der Zweivergaseranlage vom Wartburg 313 wurde aus der Schublade geholt. Wer in der DDR Verwandtschaft in der BRD hatte oder über »harte Währung« verfügte, konnte sich statt der BVF-Produkte einen Weber-Doppelvergaser des Typs 45 DCOE leisten. In dieser Entwicklungsstufe standen 1969 ca. 62 kW/85 PS zur Verfügung. Die Rennbootfahrer Herbert Eichler (erster Weltrekord 1965 über die Statutmeile mit 110,481 km/h auf dem Mittellandkanal bei Magdeburg), Helmut Weise aus Eisenach oder Gerhard Elliger aus Rochlitz gewannen zwischen 1965 und 1967 die Europameisterschaften der Klasse LX 1000. Im Folgejahr 1968 wurde dem Wettbewerb der MW-Status verliehen. 1968 wurde aus der EM schließlich eine WM. 1969, anlässlich der Weltmeisterschaft auf der Dessauer Elbe, holte sich Rudolph Königer vom gastgebenden Roßlauer Verein den WM-Titel. Das war gleichzeitig Anlass, auch hier eine vierte Hochburg in Rochlitz entstehen zu lassen.

Ab 1970 gab es wieder ein neues Reglement. Die Klasse LX 1000 wurde in R 1 (Racers bis 1.000 cm^3) umbenannt. Es durften nur Pkw-Motoren, homologiert durch die FIA der Gruppe 2/Tourenwagen, Nachweis von gebauten 1.000 Stück, zum Einsatz kommen. Die Anzahl und Größe der Vergaser wurde freigestellt; auch durfte erstmalig eine Benzineinspritzung montiert werden. Das ließ Tuning zu. Hier zeigte sich bei Versuchen der Einsatz von zwei Weber-Doppelvergasern 40 DCOE am erfolgreichsten. Dabei wurde natürlich bei einem Vergaser ein Durchgang verschlossen, denn jeder Vergaser »bediente« zwei Zylinder, der Wartburg-Motor hatte bekanntlich nur drei Zylinder. Aber es funktionierte und erstmalig waren Leistungen von ca. 74 kW/100 PS möglich.

Spannung lag »über dem Wasser«, als 1970 auf der sächsischen Kriebsteintalsperre die Weltmeisterschaft mit 20 Fahrern aus sieben Nationen stattfand. Zu Beginn herrschte gedämpfter Optimismus, denn den Engländern sagte man 96 kW/130 PS mit ihren Hillman-Motoren nach. Doch das Eisenacher Team um Konrad v. Freyberg (1.) und Günter Oppel (2.) stahl dem Engländer Mousley

Spektakulärer Überholvorgang in der Klasse R1 von Klaus Latauschke (18) beim Motorbootrennen 1958.

auf der Gesamtdistanz von 72 Kilometern die Show. Der 3-Zylinder-Zweitaktmotor aus der DDR, durch die Mechaniker auf Spitzenwerte getunt und durch die Sportler im Leistungshoch bis ins Ziel gebracht, war ein riesiger Erfolg. Die Bezeichnung »Made in GDR« wurde hier zu einem Gütesiegel veredelt. Ein weiterer Meilenstein in der Geschichte der Klasse R1 darf nicht vergessen werden. Der Berliner Bootsbauer und Rennfahrer Bernd Grübsch stellte 1975 das erste Kunststoffboot in Sandwichbauweise vor. Durch Einlagen aus synthetischem Schaum zwischen Gewebeschichten entstand ein Boot, das leichter und stabiler als die bisherigen Holzboote der Firmen Pfennig (Grünheide) und Danisch (Herzfelde) war. Des Weiteren entstand in Berlin ein Zentrum der Motorenentwicklung. Mit Gerhard Richter (siehe Interview), einem ehemals erfolgreichen Rallye- und Motorbootrennfahrer, stand ein wahrer Spezialist zur Verfügung. In seiner Kurbelwellenwerkstatt legte er die Grundlage für leistungsstarke Motore. 1975 wurden für den Wartburg-Motor 82 kW/112 PS bei 6.400 U/min auf dem Prüfstand ermittelt. Er verwendete drei umgebaute BVF-Vergaser vom Wartburg-Serienmotor. Dann wurden mit 88 kW/120 PS geliebäugelt. Dazu wurde ein Motor mit Membraneinlass entwickelt. Grundlage für die Erfolge waren dabei auch die Kurbelwellen, die durch andere Lager und Feinwuchtung drehzahlfest waren. Eine weitere interessante Entwicklung kam auch aus Dessau.

Der Rennfahrer Bernd Daßler rüstete seinen Wartburg-Motor auf einen Porsche-Dreifachvergaser der Marke Solex um. Durch sorgfältige Abstimmung war sein Paket fast unschlagbar. Leider versank sein Boot bei einem Wettbewerb für immer in den Fluten der Oder. Anfang der 1980er-Jahre legte der ADMV in der DDR fest, dass alle verwendeten Bauteile, Baugruppen, Motore oder eben die ganzen Fahrzeuge selbst aus einem sozialistischen Land stammen musste. Ziel war, eine gewisse Chancengleichheit zu schaffen und mögliche Vorteile durch »Westbeziehungen« zu mindern. Das führte auf der einen Seite zur Abkehr vom internationalen Sport, andere wiederum strengten sich an, Alternativen zu finden. So wurden zum Beispiel die Weber- oder Solexvergaser durch Jikov-Produkte (Tschechoslowakei) oder die BVF-Vergaser (DDR) ersetzt. Der 36-mm-Durchlass reichte für das Kraftstoff-Luft-Gemisch aus, die Vergaser waren leicht abzustimmen und Leistungseinbußen waren kaum feststellbar. Die nationale R1-Rennbootklasse entwickelte sich zahlenmäßig 1985 so gut, dass sogar zwei Leistungsklassen (LK 1; LK 2) gebildet werden mussten, denn auf dem jeweiligen Kurs durften meistens nicht mehr als 20 Boote in einem Lauf ins Rennen gehen. Frank Schulze aus Roßlau stattete 1990 seinen Motor mit Membraneinlass aus und erreichte mit seiner Maschine bei ca. 7.800 U/Min. 100 kW/136 PS, wobei eine anteilige Beimischung von Alkohol zum Vergaserkraftstoff gestattet war. Dann hatte der Wartburg-Motor ausgedient, 1991 kamen andere Motore und Boote zum Einsatz.

Was bleibt, sind acht EM-Titel, zwei WM-Titel und einige Geschwindigkeitsweltrekorde. Die ehemaligen Rennboote fahren in der Klasse als HR 1000 (Historische Rennboote bis 1.000 cm^3) bei verschiedenen Wettbewerben weiter. Wem es gelingt, diese in der heutigen Zeit noch fahren zu sehen, sollte anerkennen, welch spektakuläre Geschichte seit den 1950er-Jahren mit diesen Booten geschrieben worden war.

Gigantische Wasserfontänen werden in der Kurvenfahrt bei hoher Geschwindigkeit aufgewirbelt.

In diesem DDR-Rennboot befindet sich ein 3-Zylinder-Wartburg-Motor; der Motor ragt hinten mittig aus dem Bootskörper.

Oldtimer in der DDR bei einem Treffen in Woltersdorf bei Berlin. Gut zu erkennen ist das spezielle Kennzeichen an der Stoßstange.

Rechts: Die Rennwagen in den 1950er-Jahren hatten ein Chassis aus Aluminium, das mit handwerksmeisterlichem Geschick und unzähligen »Klempnerstunden« von Hand gefertigt wurde.

Historische Fahrzeuge auf der Wunschliste des Bereichs Kommerzielle Koordinierung (Koko)

Der Zweite Weltkrieg hinterließ Leid und Zerstörung, auch die Fahrzeuge waren in Mitleidenschaft gezogen. Wenn Fahrzeuge nicht durch militärische Gewalt konfisziert worden waren, dann war zumindest 1945 deren Schicksal besiegelt – sie waren zumeist verbrannt oder unter Trümmerbergen vergraben. Besitzer von unversehrt gebliebenen Fahrzeugen mussten damit rechnen, dass nun die Besatzer damit fahren oder sie in ihren Besitz bringen wollten. Auch in der sowjetischen Besatzungszone, der späteren DDR, hatten einige Menschen Glück, Überbleibsel zu finden, zu sichern und dann wieder fahrfähig zu machen. Es gab natürlich auch Erfahrungsträger, die noch aus ihrer Tätigkeit wussten, wo Fahrzeuge sicher untergestellt oder versteckt und damit im gewissen Sinn gerettet waren. Bereits zu diesem Zeitpunkt waren technisches Grundwissen und Vertrauen auf die Zukunft notwendig, um fahrbare Untersätze wieder betriebsfähig zu bekommen. Es waren Fahrzeuge notwendig, um Industrie und Landwirtschaft wieder „»schwaches Leben« einzuhauchen; Transporte waren täglich notwendig, die Personenbeförderung mit Fahrzeugen unumgänglich, kleine Handwerksbetriebe benötigten einen fahrbaren Untersatz und persönliche Wünsche gab es außerdem. Ebenso hatten Museen ein geschichtliches wie auch wissenschaftliches Interesse, dass seltene Fahrzeuge nicht verloren gehen würden. Was nicht mehr festgestellt, aber vermutet werden kann, ist, dass zumindest bis in die 1950er-Jahre hinein die Menschen nicht den möglichen, späteren Wert eines Fahrzeugs bedachten. Sie waren dankbar, ein Fahrzeug zu besitzen, weil sie damit beweglich waren und es für die Arbeit nutzen konnten. Das Auffinden, Sichern und Instandsetzen von Kraftfahrzeugen war damit wichtig geworden. Und es musste »Hand angelegt« werden, denn nunmehr galt es, aus mehreren Fundstücken ein funktionierendes Fahrzeug zusammen zu schrauben oder einen funktionstüchtigen Motor zu finden, der in das reparierte Fahrzeug passte. Neben der wieder produzierenden Fahrzeugindustrie war das Reparieren und selbstständige Aufbauen von Fahr-

Im Chemnitzer Technikmuseum ausgestellter Rennwagen aus den 1960er-Jahren. Die gesamte Verkleidung ist mit handwerklichem Geschick aus Aluminium getrieben.

zeugen – ob Fahrrad, Zweirad, Motorrad mit Beiwagen, Pkw, Traktor, Kleintransporter oder Lkw – eine äußerst wichtige Aufgabe. Die wirtschaftliche Notwendigkeit, oft auch Interesse und Leidenschaft, führten über Jahre hinweg dazu, alte, zerstörte oder verschlissene Fahrzeuge herzurichten und soweit wie möglich sogar wieder in den Originalzustand zu versetzen. Ende der 1960er-Jahre war dann soweit eine gewisse Normalität erreicht, dass man nunmehr begann, alte Fahrzeuge »zu hüten«, als technische Denkmale zu schützen – Oldtimer wurden wertvoll. Wie viel Arbeit in so manchem Oldtimer steckte, wie viel Fantasie, handwerkliches Geschick und der Kopplung unzähliger Gewerke notwendig war, mag man sich kaum mehr vorstellen. Da waren Stellmacher für die tragenden Teile der Karosse, Sattler für Polsterungen, Klempner für die Blecharbeiten, Motorenspezialisten oder Lackierer zu finden und für den Wiederaufbau zu begeistern. Richtig aufwendig wurde es, wenn nicht beschaffbare Teile nachgebaut werden mussten: Der Formbauer, der die Grundlage für das Gießen eines Motorgehäuses schuf, der Schmied für das Anfertigen von Blattfedern, der Werkzeugmacher, der sich an den Nachbau einer Kurbel- oder Nockenwelle wagte, der Dreher, der alte Bremstrommeln nachbauen konnte. Es waren Wasser- bzw. Ölkühler oder »nur ein Lampengehäuse« aus Messing nachzubauen; Teile mussten vernickelt oder verchromt werden. Doch erst das fertige Produkt, der neue glänzende und in Bewegung gesetzte Oldtimer erregte die Aufmerksamkeit.

Weiter ging es so: Die Oldtimer wurden beim ADMV registriert, sie erhielten ein besonderes Kennzeichen. Der Chef

Solche Rennwagen im Einsatz – hier vermutlich beim Stadtparkrennen in Leipzig.

der Verkehrspolizei (Ministerium des Innern), Heribert Mally, war Präsidiumsmitglied und hatte veranlasste, dass der ADMV bevollmächtigt wurde, Oldtimerzulassungen auszustellen. Wer also als Besitzer keine zivilrechtliche Zulassung nach StVZO haben wollte (oder diese nicht bekam), konnte mit seinem Fahrzeug zur technischen Abnahme bei der Oldtimerkommission erscheinen. Neben der Verkehrs- und Betriebssicherheit wurden »Originalität und Zustand«, gestaffelt nach den Sachvorgaben für Fahrwerk/Triebwerk/Auf- und Anbau, kontrolliert und bewertet. Die höchste zu erreichende Zahl waren 110 Punkte. Scherzhaft wurde vorgegeben, dann darf nur die »Luft im Schlauch« aus der heutigen Zeit sein, alles Übrige im Originalzustand.

Eigene Kennzeichen

Doch die Bewertung war nicht alles – jedes abgenommene Fahrzeug erhielt ein schwarzes Kennzeichen im Hochformat, Größe 150 mm x 210 mm für dreistellige Zahlen und 180 mm x 210 mm für vierstellige Zahlen. Die Ecken mussten abgerundet sein, in der unteren Hälfte war das ADMV-Emblem anzubringen. Die Zahlen waren eine Kombination der Klasse (1 bis 8) und dann der vergebenen Nummer. In der DDR waren diese Oldtimerklassen im ADMV verbindlich:

XII. Friedensfahrt 1959
BERLIN-PRAG-WARSCHAU
R/2
XI
FRIEDENSFAHRT
ZÁVOD MÍRU
WYŚCIG POKOJU
WBP

1 – Krafträder bis 5 PS/bis 1930; Kl. 2 – Krafträder 12 PS/1930; Kl. 3 – Krafträder über 12 PS/1930; Kl. 4 – Kraftwagen bis 20 PS/1930; Kl. 5 – Kraftwagen über 20 PS/1930; Kl. 6 – Nutzfahrzeuge; Kl. 7 – Krafträder 1931–1950; Kl. 8 – Kraftwagen 1930 –1950. Im ADMV wurde dazu ein Register in Karteikarten angelegt, sodass jedes abgenommene Fahrzeug zugeordnet werden konnte. Die Pflicht der Wiederholungsabnahme bestand jeweils nach 5 Jahren. Und wer vielleicht mit seinen 95 Bewertungspunkten nicht zufrieden war, weiter an der Originalität gewerkelt hatte, konnte auch unterjährig zur Neubewertung vorfahren. Im Abkommen mit dem MDI war zur großen Freude der Oldtimerbesitzer zusätzlich vereinbart, dass mit diesen gekennzeichneten Fahrzeugen dann im öffentlichen Straßenverkehr gefahren werden konnte, der Fahrzeugpass musste mitgeführt werden. Da auch in der DDR die Versicherungspflicht (Haftung) für jegliche Fahrzeuge, die am Straßenverkehr teilnahmen, bestand, gab es mit der Staatlichen Versicherung (Direktor, Herr Hein) dafür einen Gruppenvertrag. Die Haftpflichtdeckung wurde für alle beim ADMV registrierten Oldtimer gewährt, ohne dass die Besitzer etwas dafür tun oder bezahlen mussten. In den 1980er-Jahren waren beim ADMV ca. 600 Wagen und Sonderfahrzeuge (auch militärische Kettenkräder, mobile Dreiräder für Eisverkäufer, Feuerwehren, Doppelstockbusse) und 1.300 Motorräder und Gespannfahrzeuge registriert. Das erregte auch die Aufmerksamkeit der »geheim« operierenden Außenhandelsgruppe um Alexander Schalck-Golodkowski, kurz genannt KoKo.

Dieser Betrieb zeigte wirtschaftliches Interesse an Oldtimern. Die Sache hatte zwei Seiten und war auch prekär. Zum einen gab es Privatpersonen aus dem Ausland, die einen Oldtimer suchten, KoKo wurde beim Besitzer in der DDR fündig und nahm Verhandlungen mit dem Eigentümer auf. Es gab Menschen, die entweder mehrere Oldtimer besaßen und den ein oder anderen »abgeben« wollten. Sie warteten oft ewig auf einen Škoda, Lada, Wartburg oder Trabant und waren bereit, einen Oldtimer zum Tausch oder

Mit viel Überlegungen und Erfindergeist arbeiteten auch die Filmschaffenden. Die Spezialausrüstungen für Kameraaufnahmen wurden auf dem Dach des »Sachsenring« montiert.

Der 8-Zylinder-Rennmotor und der Rennwagen wurden in den 1950er-Jahren in Eisenach gebaut.

Auf der Hallensia Mobile lässt sich Horst Sindermann eine Megola erklären.

Verkauf herzugeben. Ein gutes Geschäft stand in jedem Fall bevor, denn wenn Mitarbeiter von KoKo die Verhandlungen übernahmen, sollte für beide Seiten etwas raus springen. Der Suchende aus dem Ausland zahlte in frei konvertierbarer Währung, der Oldtimerbesitzer bekam im Gegenwert »gutes Geld«, oft auch D-Mark, oder seinen lang ersehnten Pkw ohne Wartezeit. Heute würde man vielleicht sagen, dass ist doch egal, ob der Besitzer einen Oldtimer behält, in der Familie verschenkt oder einem Interessenten meistbietend verkauft. Doch die ADMV-Kommission unter Leitung des Hallensers Theodor Lühr war damals mit dem Verkauf überhaupt nicht einverstanden und hatte in den Bestimmungen festgelegt, dass die registrierten Oldtimer technische Denkmale sind, also fahrzeugtechnische Raritäten, und in der DDR als Kulturgut bleiben müssen. Helfend dabei war, das 1975 vom Ministerrat erlassene »Gesetz zur Erhaltung der Denkmale in der DDR«, ein Jahr später gründete sich die Gesellschaft für Denkmalpflege. Doch KoKo fand »Schleichwege«, und da es in der DDR an Fahrzeugen mangelte, fand sich immer irgendein Deal, manchen Oldtimer zu verhökern und im Gegenzug einen schicken Kleinwagen dafür bereitzustellen. Heute ist das fast alles vergessen, die Oldtimer sind wertvoller geworden und taugen sogar zur Geldanlage. Der Aufbau, die Pflege und Erhaltung dieser schönen Techniken, die tatsächlich neben einer Geschichte auch »Herz und Seele« besitzen, ist lobens- und bewundernswert. Diese Liebe zum Oldtimer hat oft in den 1950er-Jahren in der DDR ihren Anfang und hat bis heute kein Ende gefunden.

Der Opel-Rennwagen vom Ende der 1920er-Jahre war in der DDR bereits eine Rarität. Das BMW-Cabrio 327/1 (später EMW 327/2) wurde zwischen 1952 und 1955 gebaut und ist heute unbezahlbar.

Oben: Wartburg 353 und Sportwagen RS 1000 mit Wartburg-Motor auf der Rennstrecke – ein abgesprerrter Autobahnabschnitt. Beide Wagen wurden im Motorsport eingesetzt.

Unten links: MZ-Geländemaschine 250 cm³ mit luftgekühltem Motor

Unten rechts: Simson-Geländemaschine 80 cm³ mit wassergekühltem Motor

6
Männer mit »goldenen Händen«

Ein technischer Streifzug mit kreativen und geschickten Köpfen

Wie viele Erfinder es in der DDR gab, kann niemand genau sagen. Es gab Erfinder, die ein Patent anmeldeten und daraus auch vertragsrechtlichen Schutz ableiten konnten. Manche erfanden, ohne damals nach Anerkennung zu suchen, oft legten sie auch keinen Wert darauf. Mitunter entstanden technische Meisterwerke voller kreativer Raffinessen. Gerade im Rückblick verdienen unzählige Ideen dennoch Respekt. Es lohnt sich, daran zu erinnern und zu würdigen.

Helmut Aßmann, ein Berufsschullehrer aus Gotha, war selbst Rennfahrer und fuhr in den 1970er-Jahren von Sieg zu Sieg. Er hatte sich eine Werkstatt samt Prüfstand gebaut und verlieh dem Trabant-Motor tatsächlich ungeahnte Leistungssteigerungen. Unzählige Rennfahrer bestellten bei ihm getunte Motore; auch die Zwickauer Autobauer nutzten seine Erfahrungen. Später entwickelte er federführend eine ganze Serie, in der 25 bis 30 Renntrabanten in toller Farbe und Ausstattung entstanden.

Ebenso »Vater einer Serie« war der bekante Rennfahrer *Heinz Melkus* aus Dresden. Er hatte bereits in den 1950er-Jahren Erfolge in der Formel III und II eingefahren. Anfang der 1960er-Jahre baute er einen Formelwagen mit Wartburg-Motor, das Fahrzeug wurde als Kettenwartburg bezeichnet; es entstand die Formel Junior. 1968 hatte der ADMV die Bildung einer Arbeitsgemeinschaft beschlossen, deren Vorsitz Heinz Melkus innehatte. Das Ergebnis: Zum 20. Jahrestag der DDR 1969 wurde der vorher erprobte, neu entstandene Sportwagen RS 1000 vorgestellt. Daraus entwickelte sich eine ganze Serie, die Autos waren auch von der KTA geprüft und konnten für den öffentlichen Straßenverkehr zugelassen werden. Bis heute, 50 Jahre später, sind die rund 100 gebauten Wagen „Gold wert".

Was wäre die Zweitaktwelt ohne *Daniel Zimmermann*? Der 1902 in Grünheide geborene Maschinenbaumeister war nicht von Anfang an »Motorsportfan«; als er jedoch immer wieder feststellte, dass die DDR-Fahrer oft technisch unterlegen waren, stieg er auch hier ein. Bei »normalen« Zweitaktmotoren wird das Kraftstoff-Luft-Gemisch aus dem Vergaser in den Zylinder gesaugt. Die Kolbenunterkante und gefräste Schlitze im Kolben geben jeweils den Weg frei (öffnen/schließen). Das Gemisch wandert dann umständlich durch Überströmkanäle aus dem Kurbelraum in die Brennkammer (oberer Totpunkt), um dort gezündet zu werden. Das geht auch einfacher – er erfand den Flachdrehschieber. Da war eine hochdünne Blechscheibe, die auf dem Achsstummel der Kurbelwelle saß und sich genauso schnell mitdrehte. An einer bestimmten Stelle hatte sie eine Öffnung, die immer für einen kurzen Moment den Weg für das Kraftstoffluftgemisch direkt ins Kurbelgehäuse frei gab. Dieses System übernahmen nicht nur die

So sieht das im Eigenbau gefertigte Einzelteil Drehschieber aus.

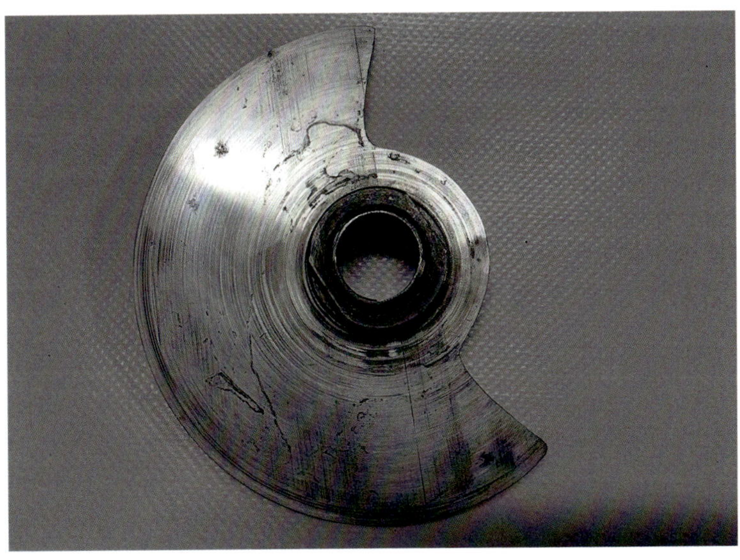

Der hallenfertige Jet 152 wird am 30.4. 1958 präsentiert. Zu diesem Zeitpunkt war das Flugzeug erst zu rund 30 Prozent fertiggestellt. Nach einem ersten erfolgreichen Probeflug im Dezember 1958 stürzte die Maschine beim zweiten Testflug ab.
Foto: Bundesarchiv, Bild 183-54953-0004/Giso Löwe/CC-BY-SA 3.0

Motorbootrenntechniker, sondern auch die Fachleute in Zschopau. An der Spitze der unvergessene Oberingenieur *Walter Kaaden*. Der hatte in der kleinen Hohendorfer Sportabteilung alle Hände voll zu tun. Der Werksfahrer Horst Fügner wurde 1959 in der Klasse 250 cm^3 auf Anhieb Vizeweltmeister; in beiden Klassen bis 125 cm^3 und bis 250 cm^3 gehörten die Zweitakter aus Zschopau zu den schnellsten in der WM. 1961 stand in der 125er-Klasse sogar der Titelgewinn bevor, doch Werksfahrer Degner patzte in Schweden in Führung liegend absichtlich und ließ anschließend das MZ-Team im Stich. Die Sportabteilung mit ihren begabten Technikern blieben bis Mitte der 1970er-Jahre im Straßenrennsport und bis 1989 im Geländesport (Enduro) gegenüber der FIM in den Welt- und Europameisterschaften ein hochgeschätztes Team. Wer den Worten von *Klaus Driefert* im Ludwigsfelder Fahrzeug- und Rollermuseum lauscht, staunt, was es in »seiner Zeit« alles gab. Ende der 1950er-/Anfang der 1960er-Jahre war er in Ludwigsfelde in die Probeläufe des Strahltriebwerkes, eine Turbine, eingebunden. Diese arbeitete als Axialverdichter und hatte 12 Verdichter- und 2 Verbrennerstufen; die gemeinsam mit dem Strömungsmaschinenbau in Pirna entwickelt wurde. Der Einsatz war im in Dresden entwickelten Flugzeug Baade 152 vorgesehen, das vier Triebwerke hatte. Der Absturz beim Probeflug 1961 machte alle Pläne zunichte. Klaus Driefert war erfolgreicher Motorbootrennsportler und Techniker – er entwickelte und baute einen 3-Zylinder-Rennbootmotor. Nicht weit von Ludwigsfelde

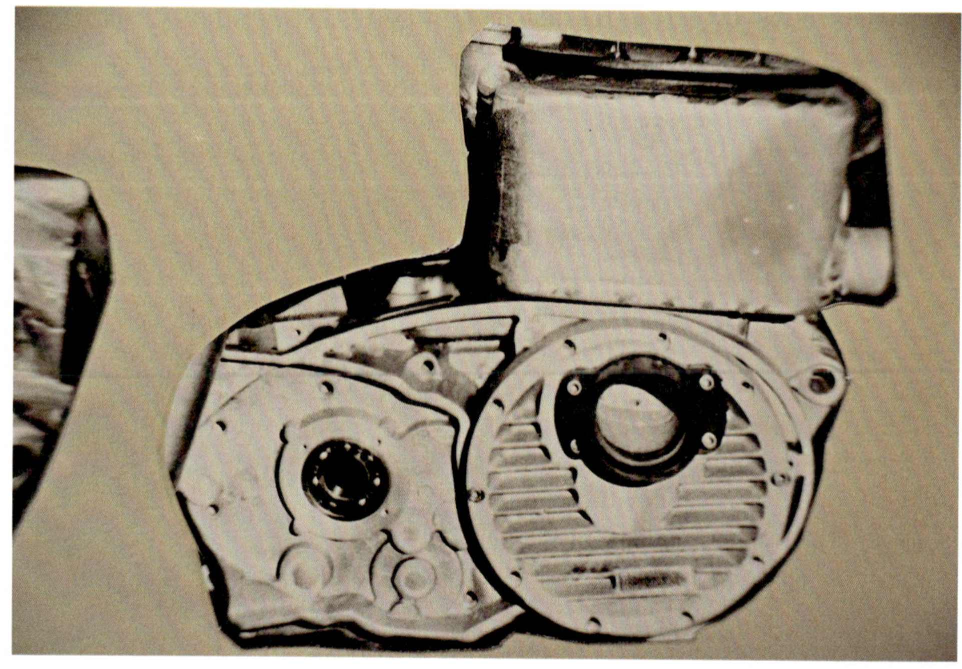

Wassergekühlter Eigenbau Rennmotor mit Drehschiebereinlass auf MZ-Basis

Holger Arens

»Rascha«-Rennmaschine 50 cm³ ohne Verkleidung im Zustand des Aufbaus.

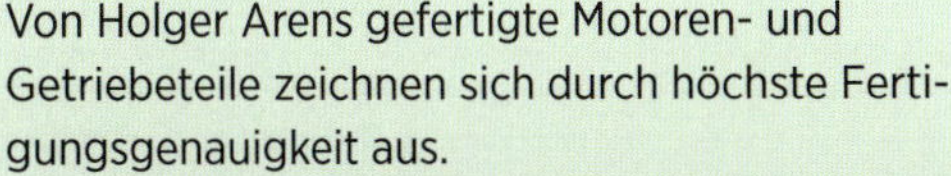

Von Holger Arens gefertigte Motoren- und Getriebeteile zeichnen sich durch höchste Fertigungsgenauigkeit aus.

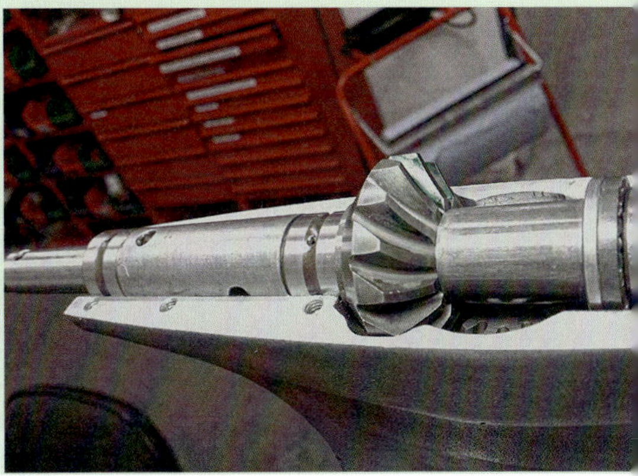

Günter Wald

In dieser Vitrine gesammelt: von Günter Wald gefertigte Propeller für den Motorsport auf dem Wasser.

entfernt wirkte in Berlin *Holger Arens*, der ebenso wie Vater *Rudolf* vom Motorsport infiziert und im gewissen Sinn auch besessen war. Im eigenen Betrieb entstanden Rennmotoren, die vier Zylinder besaßen und als Boxermotor arbeiteten, je zwei Zylinder standen sich gegenüber. Der Formbau, das Gießen, Bearbeiten, die Montage und der Probelauf – alles aus seiner Hand. Sogar ausländische Fahrer waren Ende der 1980er-Jahre damit erfolgreich; auch nach der Wende gab es keinen Stillstand. Goldene Hände im wahrsten Sinne des Wortes hatte der Fürstenwalder *Günter Wald*. Er schaffte es, spezielle Propeller für die Rennbootmotoren zu berechnen, zu konstruieren und zu bauen. Zu erst mit zwei Flügeln, dann auch drei, vier und fünf. Dabei spielten Durchmesser und Steigung immer eine bedeutende Rolle, denn die beste Motorleistung nützte nichts, wenn der »falsche Propeller« nicht für den nötigen Vortrieb des Bootes sorgte und das ganze Gefährt nicht »aus dem Knick« kam. Aus dem Knick war ein geflügeltes Wort für Auto- und Motorradfahrer – es ging nicht schnell genug vorwärts. Konnte man vom Trabant mit 600 cm³ viel erwarten? Sicherlich, getunt und »leichter gemacht« waren schon bessere Werte zu erreichen, doch ging da noch mehr? Es ging! Die Rallyesportabteilung im AWZ und der Leiter der ADMV-Werkstatt in Leipzig, *Siegfried Leutert*, setzten sich zusammen und fanden heraus, 800 cm³ wären besser. Das war jedoch nicht mit einfachem Aufbohren getan, die Zylinder hätten sich verworfen. So wurden etwas Größeres konstruiert, eine Form gebaut und in der MEGU gegossen. Um ein maximales Drehmoment auszunutzen, sollte ein fünfter Gang dazukommen. In dem kleinen Getriebegehäuse wäre das nur möglich gewesen, wenn die vorhandenen Zahnräder (Gänge eins bis vier) schmaler geworden wären. Darunter hätte dann die Belastbarkeit gelitten. Deshalb

rechte Seite: Der Trabant-Motor mit 800 cm³ Hubraum. Die beiden Zylinder wurden nicht etwa aufgebohrt, sondern neu gegossen und erhielten auch Laufbuchsen.

Typischer Aufbau eines Achselements beim Formelrennwagen in den 1970er-Jahren. Links der Radkörper mit hydraulischer Bremse, oben der Dreiechslenker, im unteren Bereich die Spurstange samt Befestigung, ebenso schräg stehend das Federelement mit innen liegendem Stoßdämpfer. Alles wurde im Eigenbau passend bearbeitet bzw. hergestellt.

wurde gleich noch eine Erweiterung des Getriebes (angesetztes Seitenteil) vorgesehen. Auch hier entstand ein Modell, dann der Guss in Leipzig. Der neue Motor mit ca. 775 cm³ leistete auf Anhieb 44 kW/60 PS, das Fahrzeug wurde von der FIA homologiert und Ende der 1980er-Jahre erfolgreich im Rallyesport eingesetzt. Das alles ließe sich unendlich fortsetzen. Diplomingenieur *Achim Scheibe* im Suhler Simsonwerk oder *Bernd Baumgartl* in Zschopau entwickelten im Team so manches neue Zweiradfahrzeug und mussten sich schließlich oft der Anweisung beugen, das jetzt nicht zu machen, vielleicht später … *Albert Gärtner* in Zittau bearbeitete Nockenwellen für Lada-Rennmotore, um bessere

Steuerzeiten zu erreichen, *Fritz Suhrbier* in Güstrow frisierte 500-cm³-Bahnrennmotore, *Ernst Wolff* in Drehna zauberte unzählige PS in Motocrossmotore. Herr *Graupner* entwickelte in Chemnitz (Karl-Marx-Stadt) elektronische Zündungen, die es im regulären Handel nicht gab.

Oft waren es Einzelkämpfer, manchmal fanden sich Teams zusammen. Beim Unternehmen Autoservice Berlin (ASB) hatte der leitende Angestellte Werner Korth soviel Durchsetzungsvermögen und Sachverstand, dass in einer speziellen Werkstatt im Unternehmen Motoren getunt und sogar ganze Autocross-Wagen hergestellt werden konnten. Im erzgebirgischen Zschorlau war es *Dietmar Zimpel* und in Zwickau *Bernd Göpfert* (siehe Interview), die sich mit größter Leidenschaft dem Motortuning widmeten. Dietmar Zimpel war selbst Motorradrennfahrer und baute nach Beendigung seiner aktiven Zeit erfolgreich Motore für den Motorbootrennsport. Bernd Göpfert dagegen konnte beweisen, dass auch aus kleinen Hubräumen mit 50 und 80 cm³ eine ansehnliche Leistungssteigerung möglich ist. In Halle/S. wirkte Rennfahrer und Edelbastler *Ralf Schaum* (siehe Interview) ebenso in der Motorradrennsportklasse 50 cm³ – seine wassergekühlten »RASCHA«-Motore sind noch heute in Betrieb. Mit etwas mehr Hubraum beschäftigten sich *Hartmut Bischoff*/Weinböhla bei Meißen und *Christian Heiduschke* (siehe Interview). Hartmut Bischoff baute Rennmotore bis 125 und bis 250 cm³ auf MZ- Basis; er fertigte unzählige wichtige Kleinteile wie Brems- und Kupplungshebel, Scheibenbremsen, Bremssättel, Gabelbrillen ...Und Christian Heiduschke betreute in der 1-Zylinder-Klasse bis 250 cm³ den erfolgreichen Rennfahrer Michael Freudenberg. Fast vergessen ist die wirklich handwerklich aufwendige Arbeit von *Günter Ruttloff* aus Euba bei Chemnitz. Er hatte sich genau wie die beiden Brüder *Peter* und *Rolf Gyra* aus Oelsnitz i. V. dem Trialsport verschrieben, war selbst sogar international erfolgreich. Doch Trialmotorräder gab es in der DDR nicht, so mussten diese selbst hergestellt werden: Rahmen, Motor, Getriebeübersetzungen, Teleskopgabel, Federbeine, Tank, Sitzbank ... Die fertigen Motorräder mit einem Haubraum zwischen 200 und 350 cm³ wurden fahrfertig technisch abgenommen und erhielten dann sogar polizeiliche Kennzeichen!

Es ließe sich unendlich fortsetzen, allein das Beispiel MT 77, ein Formelrennwagen, der mit Leidenschaft, riesiger Koordination, mit viel Übersicht und höchstem Sachverstand entwickelt wurde. Wie anders ist es zu erklären, dass ein *Frieder Kramer* in Zwickau den Rahmen berechnete und konstruierte, *Bernd Kasper* in Dresden für das Motortuning, die Hinterachse und Aufhängungen verantwortlich zeichnete, *Jürgen Meißner* die 6-Punkt-Sicherheitsgurte entwickelte und *Hartmut Thassler* in Leipzig die Verkleidungen aus Kunstharz herstellte? Oder *Heiner Lindner*, *Volker Worm* sowie *Werner Juppe* sich um den Rahmenbau kümmerten, *Henrik Opitz* sich mit dem Getriebe befasste und am Ende *Ulli Melkus* nebst *Frank Nutschan* und weiteren Mechanikern in der Dresdner Werkstatt alles zum fertigen Rennwagen zusammen schraubten – er lief und fuhr von Sieg zu Sieg.

Auch wenn dieser Abriss nur an einen kleinen Teil der damals wirkenden Techniker, Bastler und Schrauber erinnert, so sind diese Beispiele ausreichend Beweis dafür, dass tatsächlich alle »Goldene Hände« hatten.

So fängt alles an – ein selbst gebauter Rahmen für einen Formelrennwagen.

rapports Ober-setzungen	nombre de dents Zöhnezahl	synchro.
4,083	49/12	X
2,556	46/18	X
1,783	41/23	X
1,370	37/27	X
1,103	32/29	X
3,83	46/12	

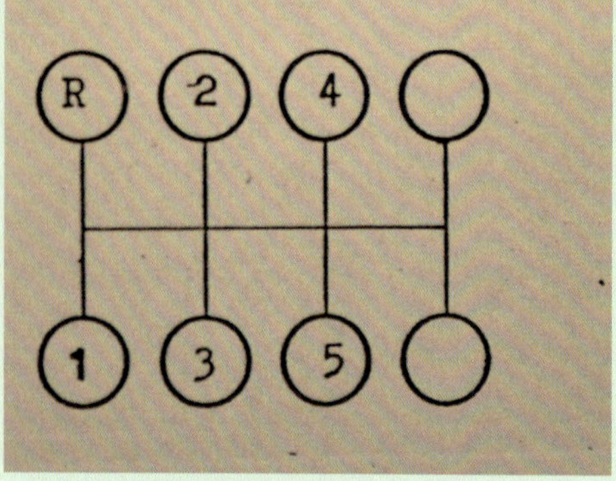

R 2 4

1 3 5

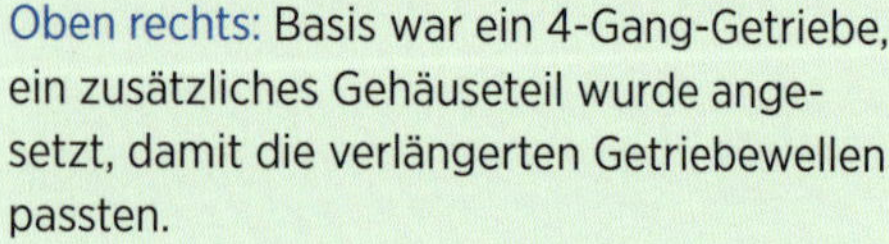

Oben rechts: Basis war ein 4-Gang-Getriebe, ein zusätzliches Gehäuseteil wurde angesetzt, damit die verlängerten Getriebewellen passten.

Oben links: Übersetzungsverhältnis Trabantgetriebe mit fünf Gängen für die Homologation bei der FIA. Das war notwendig, da das Fahrzeug im Sport eingesetzt wurde.

Trabant 800 in originaler Rallyeausführung; es ist eins der wenigen erhaltenen Exemplare und gehört dem Ex- Rallyefahrer Rainer Seyfarth/Gotha.

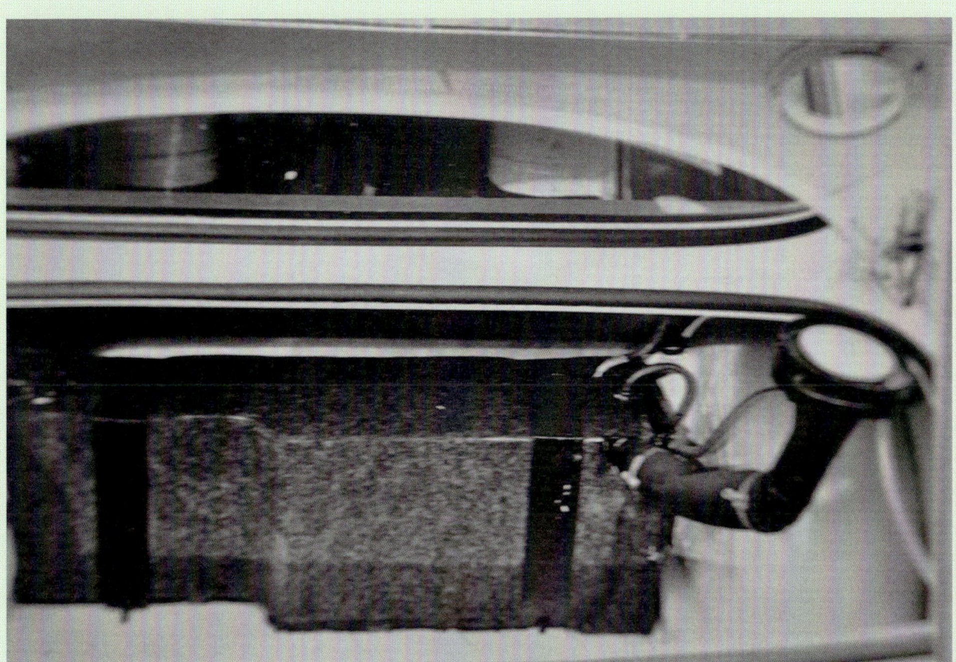

Für Sportzwecke wurde beim Trabant ein Sicherheitstank im Kofferraum fest montiert.

Trabantgetriebe mit fünf Gängen im eingebauten Zustand

Hier sind Hubscheibe, Hubzapfen und Pleuel der Wartburg-Kurbelwelle in zerlegter Form zu sehen.

Nachhaltigkeit in einer kleinen Firma

Die Firma »KWR« (Kurbelwellen-Richter) erreichten immer wieder Fragen zur Herrichtung von Kurbelwellen für Sport- und Rennmotoren. Frank Richter war so freundlich, seine wirklich wertvollen Fachkenntnisse für die Wiedergabe in diesem Buch so darzustellen, dass Sie den Tuningfreund genauso begeistern, wie den »normalen« Leser. Auch sein Vater Gerhard hat an dem hohen Wissen einen riesigen Anteil.

Zwei Betätigungsfelder stehen im Mittelpunkt: Die normale Instandsetzung und die gesammelten Erfahrungen aus dem Tuning für den Motorsport. Da die Wartburg-Kurbelwelle ein aus Einzelteilen zusammengepresstes Verbundteil ist, steht einer wiederkehrenden und preiswerten Instandsetzung nichts im Wege. Darüber wird zuerst berichtet. Mittels einer fein dosierbaren, hydraulischen Presse wird die Kurbelwelle in ihre Einzelteile zerlegt. Hierbei benutzten wir spezielle Platten unterschiedlicher Größe, die über Aussparungen für die jeweiligen Hubscheibenseiten verfügten. Bei der nun folgenden Demontage, werden die Einzelteile begutachtet und sichtbarer Schrott aussortiert. Teile, die sich instand setzen lassen, werden gereinigt und für die weitere Bearbeitung vorbereitet. Hauptaugenmerk legten wir auf die einzelnen Passungen und Toleranzen der Kurbelwelle. Oftmals sind durch nicht korrekten Rundlauf bzw. Taumelschlag der Schwungscheibe die Lagersitze der mittleren Lagerzapfen und der Lagersitz des hinteren Lagerzapfens verschlissen, haben im gewissen Sinn Luft.

Um die schadhaften Zapfen weiter zu verwenden, haben wir früher dafür Kugellager mit einem um 0,2 mm kleineren Innenring verwendet. Der Lagersitz konnte so »überschliffen« und brauchte nicht teuer aufgechromt werden. Außerdem wurden Zapfen mit einem um 0,2 mm größeren Presssitz gefertigt, damit ebenso die alten Hubscheiben weiterverwendet werden konnten. Die Bohrung in der Hubscheibe wurde dementsprechend um ebenfalls 0,2 mm aufgespindelt. Da oft zudem die Bohrung des Pilotlagers verschlissen war, haben wir zuerst den Zapfen ausbuchst; später mittels eines Neurervorschlags Bronzebuchsen eingesetzt. Das abschließende Stirnschleifen der Schwungscheibenanlagefläche gilt als wichtig. Ein Taumelschlag bis zur Toleranzgrenze von 0,05 mm war zulässig und hatte keine negativen Auswirkungen. Die Hubzapfen sind im Übrigen in verschiedene Toleranzklassen unterteilt. Die verwendeten Pleuelstangen beim Wartburg sind als Gesenkschmiedeteil ausgeführt und die Pleuelbohrungen einsatzgehärtet (Härtetiefe 0,9 mm, HRc 61). Aus diesem Grund ergaben sich auch hier vielfältige Möglichkeiten einer Instandsetzung. Für das große Pleuelauge galten beim Serienmotor Toleranzen von 39 + 0,030 mm bis 39 – 0,022 mm. Das zulässige Radialspiel von 0,009 bis 0,016 mm konnte durch verschiedene Abmaße der Rollen 5x8 im Rollenkäfig gesichert

Nach einem Bericht von Frank Richter

So wurde der Pleuel exakt gewogen.

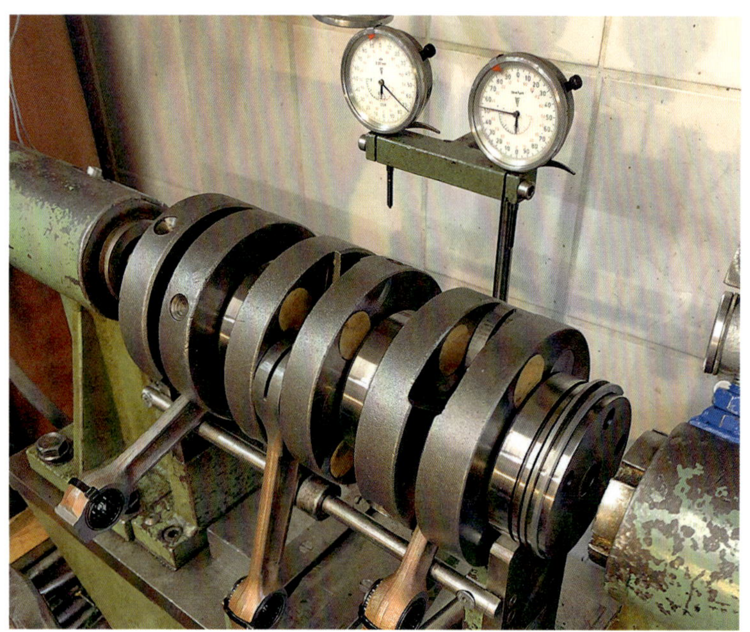

Der exakte Rundlauf und ein möglicher Taumelschlag der gesamten Kurbelwelle wurde so gemessen.

werden. Die Möglichkeit, die Bohrung um 0,2 mm zu vergrößern, führte ebenso zur Sicherstellung der Regenerierung. Das Maß der Kolbenbolzen liegt bei 20–0,006 mm und wird nochmals in weiß (0 bis –3) und schwarz (–3 bis –6) unterteilt. Verbunden mit den verschieden Abmaßen der Nadel- und Rollenlager erhielten wir so ein fast unendliches Feld von Passungsmöglichkeiten der einzelnen Bauteile. Das alles führte bei der bestehenden Materialknappheit zu Entspannung; heute könnte man zusätzlich feststellen, dass wir nachhaltig gearbeitet haben. Ein sehr wichtiges Detail der Arbeit darf nicht vergessen werden. Fast jeder, der schon einmal eine Wartburg-Kurbelwelle näher betrachtet hat, fragte sich, was das für Zahlen auf dem jeweiligen Pleuel sind. Bei der Neufertigung gab es sogenannte Massegruppen. Es wurde hier Kopf- und Fußgewicht gewogen und laut Zeichnung mit einer Genauigkeit von zwei Gramm gearbeitet. Am Pleuelfuß wurde mit Ätztinte in drei Massegruppen blau, gelb und grün markiert. Auf der Seite des Pleuels wurden die Maße der Bohrungen notiert, um hier die passenden Rollen bzw. Nadellager auszuwählen. Der eckige Ansatz am oberen Pleuelauge ist der Fertigung als Gesenkschmiedeteil geschuldet, es vereinfachte die Auswahl gegenüber der alten Pleuelstange und diente gleichzeitig als Massekorrektur. Die motorsportliche Tätigkeit führte dazu, dass wir frühzeitig die Wichtigkeit der übereinstimmenden Kopf- und Fußgewichte erkannten. Seit Jahrzehnten wird hier auf das Gramm genau gewogen und die Pleuelsätze dementsprechend zusammengestellt. Eine entsprechende Laufruhe und die Drehzahlfestigkeit der instandgesetzten Kurbelwellen ist das Ergebnis. Noch ist die regenerierte Kurbelwelle nicht fertig.

Nachdem die Hubscheiben gereinigt sind, werden diese vor dem Zusammenbau ebenfalls gemessen, ebenso das Stichmaß bzw. der Kurbelradius ermittelt. Die Toleranzen der Gruppen gelb, blau und grün, liegen zwischen 38,98 mm bis 39,02 mm. Daher kommen die so oft gesehenen Farbmarkierungen auf den Hubscheiben. Hier gilt es genauestens zu arbeiten, eine Toleranzgrenze von 0,007 mm ist einzuhalten, um die Drehzahlfestigkeit und Laufruhe der Kurbelwelle zu sichern. Vor der weiteren Montage werden noch die Gussringe der Kurbelgehäuseabdichtung geprüft und mittels eines speziellen Werkzeugs wieder auf ihr ursprüngliches Maß gebracht. Nachdem die Kugellager auf die mittleren Lagerzapfen und den hinteren Zapfen gepresst sind, werden die einzelnen Pakete der Hubscheiben montiert. Zu beachten ist, dass die Kugellager nach einer extra gültigen Toleranzklasse ausgewählt werden müssen. Gleichzeitig muss das zulässige Axialspiel des Pleuels zwischen den beiden Hubscheiben beachtet werden. Ein zu geringes Spiel zwischen Pleuel, Rollenkäfig und Hubscheibe würde unweigerlich zum Ausfall der Lager und dann zum Motorschaden führen. Anschließend beginnt die endgül-

Die Kurbelwellenhubscheibe ist mit Balsaholz verschlossen; damit enstand mehr Vorverdichtung im Kurbelwellenraum

tige Montage der Kurbelwelle. Der hintere Lagerzapfen wird zuerst eingepresst, das Paket aus zwei Hubscheiben gedreht und wieder in die spezielle Pressplatte eingesetzt. Beim folgenden Einpressen des mittleren Lagerzapfens muss die genaue Übereinstimmung der Passfedernut in der Hubscheibe mit der Passfeder im mittleren Lagerzapfen beachtet werden. Dies sorgt später bei der Wartburg- Kurbelwelle für einen genauen 120°-Versatz der einzelnen Zylinder und somit für eine präzise Zündeinstellung und ruhigen Motorlauf. Die Arbeitsfolge für Zylinder zwei und drei ist gleich. Abschließend wird mittels einer Vorrichtung – die den Winkel der Riemenscheibenbefestigung vorgibt – der vordere Lagerzapfen eingepresst. Das vordere und damit letzte Kugellager kann nun aufgepresst werden – die Kurbelwelle ist fertig montiert und kann in das Motorgehäuse eingesetzt werden.

Im Motorsport wird oft verkannt, dass es nicht nur um mehr Leistung, sondern auch Standfestigkeit und Haltbarkeit geht. Bei genauer Betrachtung lassen sich viele Motorschäden, entstanden durch defekte Kurbelwellen, vermeiden. Die Hauptursache für einen Kurbelwellendefekt liegt im Ausfall der Pleuellagerung. Nach jedem Rennen oder jeder Rallye soll deshalb die Kurbelwelle kontrolliert werden. Mit einer dünnen Anreißnadel kann man durch die Öltaschen im Pleuel den Käfig weiterdrehen und auf mögliche Risse im Lagerkäfig achten. Sollten Schäden am Lager oder Risse festgestellt werden, ist eine regenerierte Kurbelwelle einzubauen. Da so etwas zeit- und lostenintensiv ist, haben wir hier intensive Ursachenforschung betrieben. Hohe Drehzahlen überfordern die Materialstruktur der Aluminiumkäfige im Pleuelfuß. Bedingt durch den scharfkantigen Übergang von der Lagertasche für die Rollen hin zum Außenring, sind Schwingungsbrüche vorprogrammiert. Bei einem Riss bzw. Bruch, wird das Rollenpaar nicht mehr ausreichend geführt, eine Rolle läuft

Drei verschiedene Pleuels einer Wartburg-Kurbelwelle in bearbeitetem (frisiertem) Zustand.

nicht mehr achsparallel. Die daraus resultierende Erwärmung führt zum Schmelzen des Käfigs und somit zum oft kapitalen Motorschaden. Unterschiedliche Materialqualität und nicht ausreichende Härte sind ebenfalls als Ursache anzusehen. Sämtliche Rollenkäfige werden daher einer erneuten Wärmebehandlung unterzogen, damit die geforderte Festigkeit erreicht wird. Mit dieser Methode, die auch heute noch so angewendet wird, erreichen wir eine gleichbleibende Qualität und können Dauerdrehzahlen bis 6000 U/min sorglos entgegensehen. Den beim Bootsrennen auftretenden Drehzahlspitzen von über 8000 U/min war diese Art der Lagerung aber nicht mehr gewachsen. Hebt sich dann noch das Boot bei hoher Geschwindigkeit aus dem Wasser, dreht der Propeller plötzlich ohne Last (kein Widerstand des Wassers) frei und der Motor hoch; oft ist das zerstörerisch. Die Lösung für eine bessere Haltbarkeit war der Einsatz von Stahlkäfigen, ein in früherer Zeit, nicht ganz einfach zu beschaffendes Teil. Diese Lager wurden in der der damaligen Zweitakthochburg Japan produziert. Dank vieler Bemühungen konnten bereits im Jahr 1977 Kurbelwellen aus dem Hause Richter mit einer neuen Technologie gefertigt werden. Bedingt durch den größeren Innendurchmesser der Lager, wurden hier entsprechende Hubzapfen angefertigt. Der positive Nebeneffekt war, dass man jetzt auch exzentrische Zapfen bauen konnte. Daraus ergaben sich völlig neue Möglichkeiten. Dies war sowohl für die hochdrehenden Kurzhubmotoren (76 mm Hub) als auch für den Langhuber (80 mm Hub), als »Drehmomentwunder« bezeichnet, von Vorteil. Ein weiterer Punkt bei der Kurbelwellenbearbeitung für den Motorsport ist das Verringern des Totraumes im Kurbelgehäuse. Das führt zur Erhöhung der Vorverdichtung des Kraftstoff-Luft-Gemischs, ehe es in den Brennraum gelangt. Hierzu wurden die Bohrungen in der Hubscheibe mit Stopfen aus Balsaholz verschlossen und verklebt. Im harten Rallyeeinsatz gab es immer wieder Probleme mit abgerissenen Schwungscheiben oder gelängten Befestigungsschrauben. Der 52 mm große Lochkreis des hinteren Lagerzapfens hatte den hohen Belastungen einfach nicht standgehalten. Aus diesem Grund wurden auch hier spezielle Zapfen angefertigt, welche die extreme Belastung aushielten; eine Erfahrung, die bereits DKW-Motorenentwickler machten.

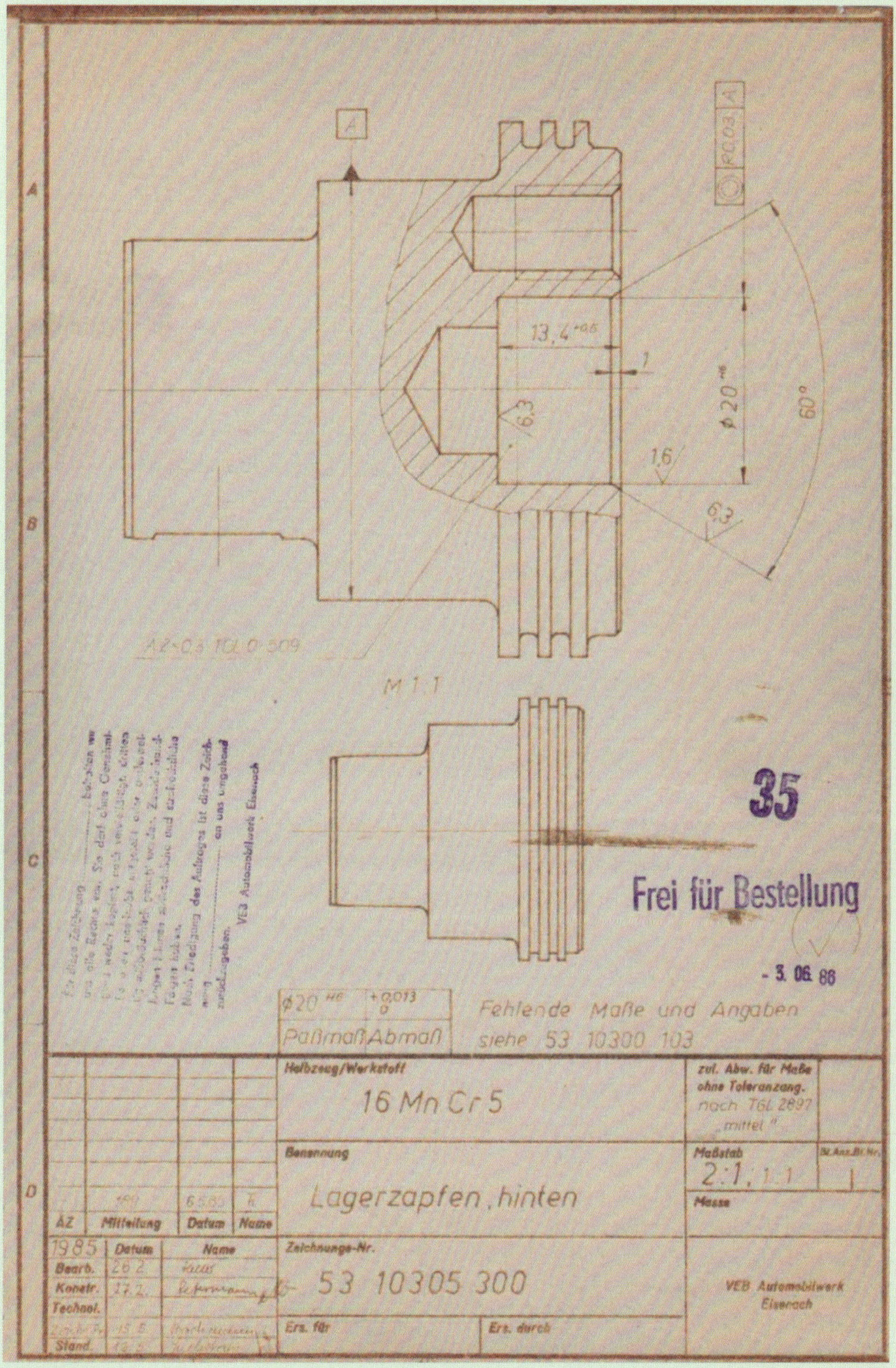

Originalzeichnung für die Anfertigung eines Lagerzapfens

M 1:1

35

Frei für Bestellung

- 3. 06. 88

⌀20 H6	+0,013 / 0
Paßmaß	Abmaß

Fehlende Maße und Angaben siehe 53 10300 103

Halbzeug/Werkstoff: 16 Mn Cr 5

zul. Abw. für Maße ohne Toleranzang. nach TGL 2897 „mittel"

Benennung: Lagerzapfen, hinten

Maßstab: 2:1; 1:1

Masse

Zeichnungs-Nr.: 53 10305 300

Ers. für | Ers. durch

VEB Automobilwerk Eisenach

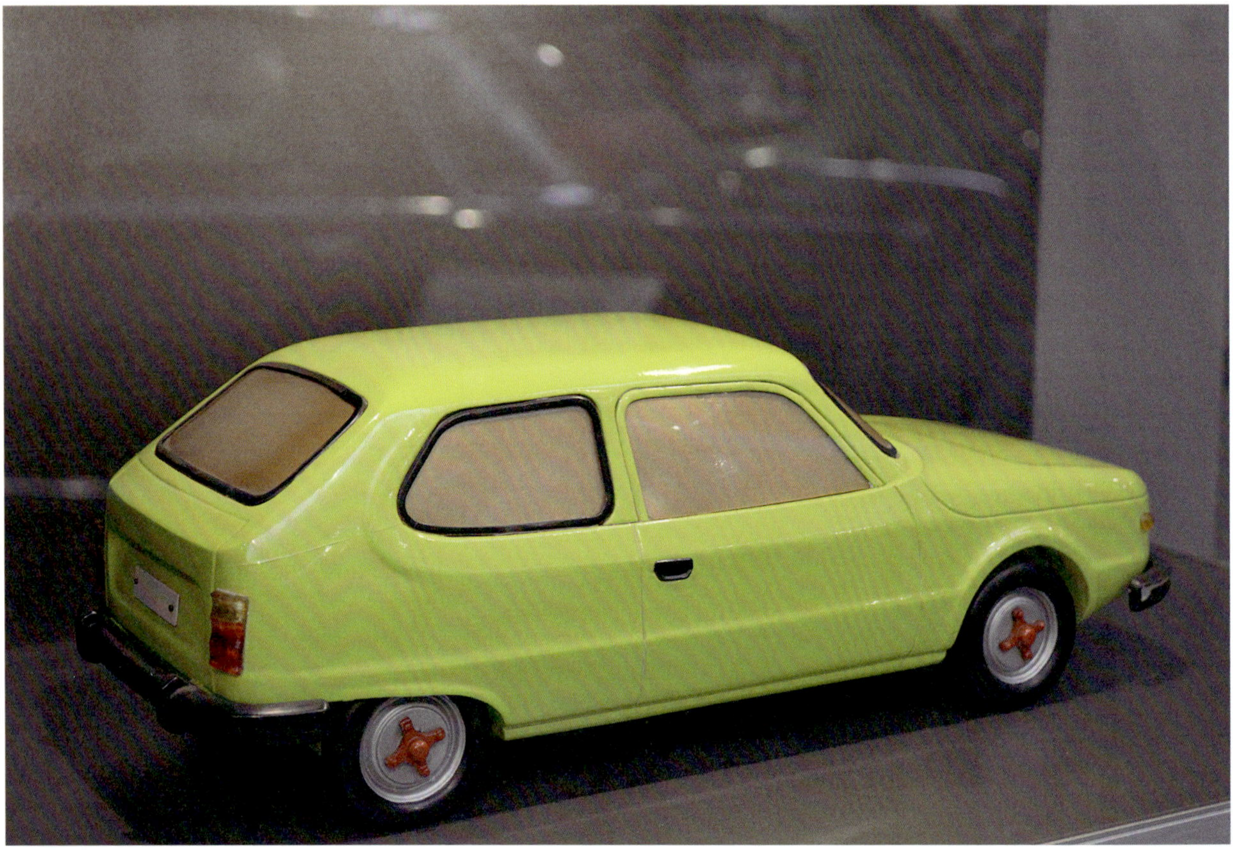

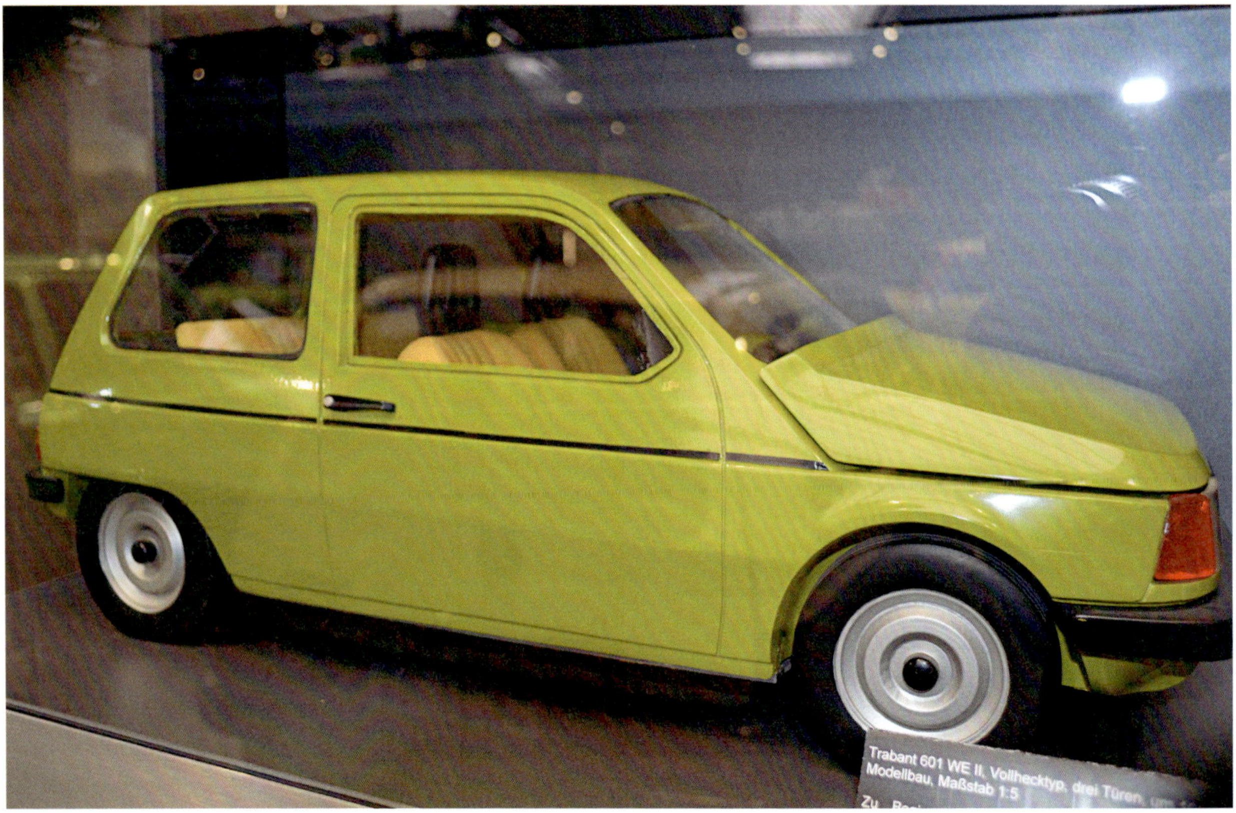
Trabant 601 WE II, Vollhecktyp, drei Türen,
Modellbau, Maßstab 1:5

Eine kleine Spekulation muss erlaubt sein

Zu oft ist noch heute zu vernehmen, dass »... die in der DDR unfähig waren, ordentliche Autos zu bauen ...«. Setzt man heutige Maßstäbe, nachdem es die DDR seit 30 Jahren nicht mehr gibt und weitere 25 Jahre davor, also zwischen 1964 und 1989 annähernd fast immer unverändert dieselben Pkw gebaut wurden, neigt der Laie schnell zur Zustimmung. Ist das richtig, waren die Fachleute in Ludwigsfelde, Werdau, Frankenberg, Eisenach, Zwickau oder Zittau tatsächlich unfähig, moderne Autos zu konstruieren und zu bauen? Haben die Mitarbeiter in Suhl und Zschopau die Zeit beim Zweiradbau verschlafen? Haben sie nicht! Es würde den Rahmen sprengen, alle Versuche und Vorhaben im Kfz-Wesen der DDR darzustellen, es wären einfach zu viele. Im Mittelpunkt der Bedürfnisse stand der Pkw, deshalb nachfolgend die Anstrengungen in Eisenach und Zwickau, bereits Mitte der 1970er-Jahre bis Ende der 1980er-Jahre der wartenden Bevölkerung endlich etwas richtig Neues anzubieten. Die Darstellung ist hier auf das Wesentliche konzentriert; wer sich für all das im Detail interessiert, dem empfehle ich spezielle Fachliteratur (siehe Quellen).

Bereits 1960 entstanden in Zwickau zwei Holzmodelle vom Kleinwagen P 504, die von einem 4-Takt-Motor angetrieben werden sollten. Dabei blieb es. In Zwickau und Eisenach wurde 1961 die Gemeinschaftsproduktion des P 100 geplant; das Zwickauer Funktionsmuster mit Frontantrieb, der Wagen aus Eisenach mit Heckantrieb. Die Zwickauer bauten 1964/65 ein Funktionsmuster Trabant 602, mit verlängertem Radstand, hinten statt der Blattfeder zwei Schraubenfedern, der Tank mit 32 Liter Fassungsvermögen war im Kofferraum, das Heckteil angeschrägt. Dabei blieb es. Zwischen 1966 und 1968 wurden neun Funktionsmuster des P 603 mit Vollheckausführung gefertigt. Ein Funktionsmuster besaß den 3-Zylinder-Wartburg-Motor, zwei Fahrzeuge waren mit einem Wankelmotor ausgestattet und sechs Pkw hatten den 4-Zylinder-4-Taktmotor vom Škoda MB 1000 (nur 3-fach gelagerte Kurbelwelle). Dabei blieb es. Hier muss noch angemerkt werden, dass die politischen Veränderungen in der ČSSR (Einmarsch UdSSR, Prag, August 1968) sich anschließend negativ auf die Handelsbeziehungen zur DDR auswirkten. Ab 1973 hatten die technischen Zeichner an den Reißbrettern in Eisenach und Zwickau eine volle Auftragslage – der neue Einheits-Pkw 760 sollte kommen, er sollte den Trabant 601, Wartburg 353 und später den Škoda S 100 ablösen. Grundlage war eine gemeinsame Plattform (Fahrgestell), der 4-Takt-Motor von Škoda sollte antreiben, es waren verschiedene Karosserieformen geplant. Wegen zu hoher Kosten wurde das Vorhaben allerdings eingestellt, genauer gesagt ging es in die Planung des neuen P 610 über, später mit der Bezeichnung P 1100 und P 1300. Der kompakte Kleinwagen hatte

8
Fähig oder unfähig im Fahrzeugbau?

Bilder links: So sah das von Formgestalter Dietel gefertige Modell aus Plastilin aus ...
... und das war dann die fertige Versuchsausführung des »neuen« Trabant 601

So sah der Wartburg 610/M1 mit Dacia-Motor aus; eine gewisse Ähnlichkeit mit dem Škoda 105/120 der 1970er-Jahre ist erkennbar.

Prototyp P100; je ein Exemplar wurde in Eisenach und Zwickau gebaut, die beiden Wagen hatten unterschiedlich gestaltete Frontgrills.

verschiedene Antriebsvarianten: Škoda-Motor S 100, dann Nachfolgegeneration S 1300 mit mehr Hubraum, Alu-Kopf und 5-fach gelagerter Kurbelwelle; eine Eigenentwicklung 3-Zylinder-4-Taktmotor und den bisherigen 3-Zylinder-2-Taktmotor aus dem Wartburg 353. Wenn man in dieser Phase überlegt, was allein verschiedene Motoren für Auswirkungen in der Planung, Konstruktion und Fertigung haben: Längs- oder Quereinbau? Passen die Aufhängungen? Die Notwendigkeit unterschiedlicher Getriebevarianten und Auspuffanlagen. Hier wird schon deutlich, dass dieses »Verzetteln« kein gutes Ende haben wird. Wenn man dann noch bedenkt, dass neben einem fertigen Motor von Škoda, die Eigenentwicklungen von 3- und 4-Zylinder-4-Takt-Motoren, der Wankelmotor und sogar die Eigenentwicklung 3-Zylinder-Dieselmotor zur Verfügung standen, ebenso Versuche mit einem Renault-Motor gefahren wurden, um dann Mitte der 1980er-Jahre zu entscheiden, »… die alten Trabant 601 und Wartburg 353 erhalten neue Motoren von VW …«, so ist nachzuvollziehen, dass den Konstrukteuren und allen Mitwirkenden »die Lust verging«. Und so ist es kein Wunder, das die Außenstehenden im Ausland und die eigene Bevölkerung dachte, »… die sind unfähig, die können es nicht.« Leider bleibt es eine nicht korrekte Annahme. Auch die nachfolgende, sicherlich etwas spektakuläre Behauptung soll das verdeutlichen.

Die Sonderbereich KoKo, geleitet von Alexander Schalck-Golodkowski, war in der DDR geheimnisumwittert. An den offiziellen staatlichen Planungs- und Verhandlungskonzepten vorbei, arbeitete der Bereich auf der einen Seite natürlich für das volkswirtschaftliche Wohl und erzielte hohe Umsätze in Valuta (frei konvertierbarer Währung und Binnenwährung innerhalb der sozialistischen Länder) sowie DDR-Mark. Ihm und seinem »Imperium« wurde im gewissen Sinn freie Hand gelassen, wichtig war nur, jedes Jahr einen guten finanziellen Ertrag verbuchen zu können. Die Strategien sowie Handels- und Außenhandelsaktivitäten waren so umfangreich und sind vermutlich bis heute nicht in allen Details bekannt. Eines steht auf jeden Fall fest: Auch Fahrzeuge und spezielle Techniken spielten in den Handelsaktivitäten von KoKo eine Rolle. Echte Oldtimer fuhren in der DDR, waren interessant und begehrt zugleich, hatten aber in finanzieller Hinsicht nicht annähernd den Wert wie heute. In der BRD schon, deshalb erfüllte KoKo auch den Wunsch, DDR-Oldtimer in den Westen zu vermitteln – die Abteilung Kunst und Antiquitäten war dafür zuständig. So wurden Pkw und Motorräder, gegen harte Währung, also für »gutes Geld« verkauft. Der Besitzer in der DDR wurde in verschiedenen Varianten entschädigt – er bekam einen Pkw ohne Wartezeiten oder erhielt neben DDR-Mark zusätzlich Forum-Schecks zum Einkauf im Intershop.

In kleineren Stückzahlen wurden durch Selbstständige in der DDR Rennbootsrümpfe und auch Rennmotore hergestellt. Auch die waren im Ausland

Gestylter Trabant 601, hier ein Versuchsmuster aus den 1980er-Jahren

Auch das gab es: Wartburg 353 mit Gasantrieb, hier ein Blick in den Motorraum

In Eisenach hergestellter Wartburg 312 als Versuchsmuster, später wurde der etwas veränderte Typ 313 zwischen 1957 und 1960 in einer geringen Stückzahl (ca. 470) produziert.

Das Versuchsmuster eines 4-türigen Kleinwagens aus Zwickau aus den 1970er-Jahren; er hatte für seine Zeit ein modernes Aussehen.

gefragt und kamen so in den Angebotskatalog. Die Hersteller in der DDR bekamen das selbstverständlich bezahlt, auch konnten im Gegenzug dafür spezielle Tuning- oder Rennsportteile aus der BRD zur Verfügung gestellt werden. So waren am Ende beide Seiten zufrieden. Es liegt deshalb auch nahe, dass es durchaus möglich gewesen sein könnte, dass die in der DDR bereits ab Mitte der 1960er-Jahre angefertigten Konstruktionsunterlagen für bestimmte Nachfolgertypen von Trabant und Wartburg in die BRD gelangten.

Macht man sich den Spaß, trinkt zwei oder drei Bier und schlägt dann in kurzen Abständen hintereinander Fotos vom Golf 1, Polo 1, Renault R 14 und R5 , Peugeot 104 oder Opel Kadett und anschließend die Modelle und Funktionsmuster vom P 100, P 601, P 603 oder P 610 auf, folgt umgehend der Gedanke: »Ein und dasselbe – die stammen sicherlich in der Entwicklung aus einer Hand ...«. In der zeitlichen Reihenfolge war es tatsächlich so, dass es zuerst die DDR- Konstruktionsunterlagen gab, danach folgte die tatsächliche Herstellung dieser bekannten und begehrten Pkw in der westlichen Welt.

So, wie es nicht bewiesen werden kann, ist es auch nicht auszuschließen; der Lauf der Geschichte hat alles längst »begraben«. Vieles landete im Reißwolf, scheinbar aber nicht alles, weil es zu wertvoll war. Wertvoll? Planung, Forschung und Entwicklung waren in der DDR ein hohes »staatlich gestütztes Gut«; die damit verbundenen Kosten (finanziellen Aufwendungen) nicht mit jenen der BRD vergleichbar. Ein gutes Geschäft hätte sich aus dem Verkauf der Konstruktionsunterlagen immer ableiten lassen. Viel wichtiger aber ist, dass tatsächlich die Formgestalter, Konstrukteure, Planer, Versuchingenieure, Techniker und Beteiligte in der DDR »Meister ihres Faches« waren. Sie verstanden ihr Handwerk, orientierten sich an internationalen Tendenzen, achteten auf hohe Funktionalität und hatten ebenso die Modernität nicht außer Acht gelassen. Sie kreierten keine »Luftschlösser«, sie hatten immer die Serienreife im Blick. Dass die Serienfertigung in unzähligen Fällen bei der Lkw-, Pkw- und Zweiradproduktion dennoch nicht zustande kam, hatte mitunter volkswirtschaftliche, materiell-technische Gründe. Meistens waren die Gründe der Absage jedoch politisch begründet, besser gesagt, »… von oben (Ministerrat/Politbüro in Berlin) verboten …«.

Wie anders ist es sonst zu verstehen, dass unzählige gut ausgebildete Menschen Jahre beschäftigt waren und Hunderttausende an Lohn- und Entwicklungskosten verschlangen, um am Ende dann zu festzustellen »… umsonst, alles für die Tonne …«. Vielleicht aber auch nicht; vielleicht landete so manches wertvolle Papier hinter dem «eisernen Vorhang« und brachte Devisen für die DDR. Wenn ja, dann können die Väter dieser Fahrzeuge zusätzlich stolz sein.

Trabant-610 Versuchsmuster – das wäre ein Verkaufsschlager gewesen, heute im Museum in Zwickau zu bestaunen.

Kaum zu glauben, auch das wurde probiert:
Wartburg 353 mit Turbinenantrieb

Trotz vieler Ideen und Mühen nicht weiter gekommen

Wenn sich ein Hersteller nicht sicher ist, ob ein neues Fahrzeug bereits »ausgereift« und für die Serienproduktion geeignet ist, kann er verschiedene Wege gehen. Entweder wird weiter gewerkelt, nachgebessert und probiert, oder er versucht, bereits heraus gefundene Schwachstellen zu beseitigen. Die Fehleranalyse erhält in solchen Fällen eine hohe Bedeutung. Das Testen der Versuchsmuster passierte meistens abseits der Öffentlichkeit, auf abgelegenen Straßen und Wegen oder auf gesperrtem Terrain; heute nutzen große Unternehmen dafür eigene Versuchsgelände. Wenn Automobilhersteller dagegen die Fahrer der Erprobung in »die Öffentlichkeit« schicken, werden Fahrzeuge außen mit irren Mustern beklebt, um sie im gewissen Sinn unkenntlich zu machen. Die Hersteller schicken diese Neuentwicklungen dann als »Erlkönige« auf die Straßen und sammeln so fahrpraktische Erkenntnisse.

Anfang der 1950er-Jahre gab der damalige Werkdirektor der Eisenacher Motorenwerke, Martin Zimmermann, den Fahrauftrag, Versuchsmuster bei einem Rallyeeinsatz zu erproben. Nicht des Sportes wegen, sondern um die Zuverlässigkeit vor den Augen der Öffentlichkeit unter Beweis zu stellen. Er ging mit dem Vorhaben ein hohes Risiko ein, denn der Start der Serienproduktion der Neuentwicklung EMW 311 stand bevor. Wären diese Wagen ausgefallen, hätte es neben der Blamage in der Öffentlichkeit, selbstverständlich die Auflage zur Mängelbeseitigung gegeben und der Produktionsstart wäre in Gefahr geraten. Doch das Unterfangen gelang, die neuen Autos hatten den unerbittlichen Rallyeeinsatz über Stock und Stein überstanden. Die Teams wurden im Ziel mit Goldmedaillen geehrt, Produktion und Verkauf konnten beginnen. Der Pkw erhielt die Bezeichnung »Wartburg 311«.

Das ist lange her, doch bis in die 1970er-Jahre waren die Rallyes tatsächlich ausgesprochene Zuverlässigkeitswettbewerbe. Streckenlängen von 500 bis 1000 Kilometern wurden den Aktiven durch die Veranstaltungsorganisation vorgegeben, die Routen waren gespickt mit Durchfahrts- oder Zeitkontrollen und Wertungsprüfungen unterschiedlichster Schwierigkeitsgrade. Die Zuverlässigkeit verhalf einer Automarke zu gutem Ruf und die Identifikation der

9
Zuverlässig ja, formschön und leistungsstark?

Modell und dann in Wirklichkeit: der Wartburg 311

Fahrzeuge, die nie in Serie gebaut wurden – ein Wartburg-Coupé und Versuchsmuster Trabant Typ 602 mit Schrägheck. Oft wurde statt Blech auch Kunststoff für die Karosse verwendet.

Zuschauer mit dem Fahrzeug »Toll, dass ich auch so einen Trabant oder Wartburg besitze« war von großer Bedeutung. Die Hersteller von Personenkraftwagen in der DDR, VEB Sachsenring in Zwickau und das Automobilwerk in Eisenach, bauten mit hohem Engagement und noch mehr Hingabe in ihren Sportabteilungen jedes Jahr fast nebenbei homologierte, leistungsgesteigerte Autos auf. Sie schickten selbige in die »euro päische Welt«, um bei den Rallyes gut abzuschneiden und Absatzmärkte zu erobern. Führt man sich dabei vor Augen, dass der durchschnittliche DDR-Bürger zehn Jahre und länger auf einen neuen Pkw warten musste, so war es sicherlich eine Herausforderung für alle Beteiligten, zu erklären, dass die knappen DDR- Produkte auch noch im Ausland angeboten werden sollten. Dabei wurden internationale Rallyes in Finnland, Griechenland, England, Belgien, Bulgarien, Ungarn, ČSSR, Polen oder UdSSR genutzt, um der Welt zu zeigen, Wartburg und Trabant sind vielleicht nicht die optisch pfiffigsten Autos, aber zuverlässig. Immer war es wichtig, einem Ausfall vorzubeugen und das Ziel in Wertung zu erreichen. Wenn dann trotz der Untermotorisierung gegenüber der Konkurrenz, aber mit dem Geschick sowie Mut von Fahrer und Beifahrer, auch noch eine Platzierung oder sogar ein Klassensieg heraussprang, war die Freude groß und das Budget in den Sportabteilungen für das nächste Jahr gesichert. Die ohne großen technischen Schnickschnack ausgestatteten DDR-Fahrzeuge hatten die Hürden im unwegsamen Gelände, auf schnellen Bergetappen oder verschneiten Straßen wohlbehalten überstanden. Die an sich altmodische, längst über-

Solch einen Wartburg schickte Werksdirektor Zimmermann vor der Serienproduktion zum Rallyetest.

holte Form der Karosserie trat dabei in der Wirkung völlig in den Hintergrund. Friede, Freude, Eierkuchen; die automobile Welt in der Fahrzeugindustrie der DDR doch in Ordnung? Weit gefehlt! Die von den Formgestaltern vorgesehene Modernität, die von den Konstrukteuren, Technologen und Ingenieuren geplanten sowie unbedingt gewollte Umsetzung kreativer Ansätze in der Motorisierung oder Karosseriegestaltung blieben in der Schublade. Einigen Gestaltungsmustern und Prototypen hauchten die Mechaniker, Karosserieklempner, Motorenschlosser und Arbeiter in den Werken sogar »Leben« ein. Es weilte aber nur kurz, dann kam die Anweisung der Demontage, also Vernichtung. Einige Fahrzeuge aus damaliger Zeit wurden gerettet und sind erhalten geblieben.

Das war es dann?

Natürlich nicht, nunmehr erfahren und sehen Sie etwas über unzählige Ideen und Versuche in der Fahrzeugproduktion der DDR. Jeder Pkw und jedes Zweirad benötigt einen Antriebsmotor, das ist weiterhin noch so, sogar Elektromotoren sind heute auf dem Vormarsch. Man könnte meinen, der 2-Zylinder-2-Taktmotor mit 600 cm^3 Hubraum für den Trabant und der 3-Zylinder-2-Taktmotor für den Wartburg, war das einzige, was den damaligen Machern so einfiel. Weit gefehlt. Eine AWE-Perspektivgruppe entwickelte bereits zwischen 1957 und 1960 einen 4-Zylinder-4-Takt-Boxermotor mit 1088 cm^3 Hubraum. Davon wurden vier Muster (Bezeichnung B11) gebaut, die funktionierten und eine Leistung von 45 PS/33 kW abgaben. Die Motore waren so aufgebaut, dass sie als Front- oder Hecktriebsatz geeignet waren. Der Boxermotor zeichnete sich durch eine geringere Bauhöhe aus, genau wie der Prototyp 393. Das war ein liegender 3-Zylinder-Zweitaktmotor mit 993 cm^3 Hubraum. Er leistete ebenfalls 45 PS/33 kW und war als Unterflurmotor für den 1961 (!) als Versuchsmuster entstandenen Pkw P 100, eine Stufenhecklimousine, vorgesehen. Angedacht war ebenso der Einsatz des 3-Zylinder-Wartburg-Motors und des in Eisenach selbst entwickelten Wankelmotors. Leider kam es nicht zur Produktion, das Eisenacher Modell P 100 musste vernichtet werden. Die Zwickauer Automobilbauer hatten selbigen Auftrag und stellten zur gleichen Zeit ein fast identisches Fahrzeug mit Ganzstahlkarosse her. Es ging damals um eine enge Kooperation beider Werke. Auch hier sollte nach dem verordneten »Aus« der »Schneidbrenner angesetzt« werden. Die Legende behauptet, dass der damalige Wagen tatsächlich in zwei Hälften geteilt und dann »entsorgt« wurde. Im Berliner Ministerium lief die Meldung auf »Wagen wie vorgesehen vernichtet«. Nach 1990 wurden die Teile hervorgekramt und Karosserieklempner zeigten, was sie können! Heute steht der P 100 im Horch-Museum in Zwickau, als wäre nie etwas damit geschehen. Die Motorenkonstrukteure um das Eisenacher »Konrad v. Freyberg Entwicklungsteam« arbeiteten in den 1960er- und 1970er-Jahren tatsächlich auf Hochtouren. Zuerst wurde ein 1-Kammer und 2-Kammer-Kreiskolbenmotor (Wankelmotor) entwickelt, der jedoch bei vergleichsweise geringer Leistung zu viel Kraftstoff verbrauchte. Fazit: Ablehnung. Danach das neue Vorhaben: Zwischen 1968 und 1972 wurden zwei 4-Zylinder-4-Takt- Motore (Typ 400) gebaut. Der Motor leistete ca. 83 PS/61 kW, hatte eine gegossene Kurbelwelle und oben liegende Nockenwelle. Leider musste auch dieses Aggregat »stillgelegt« werden. Einige

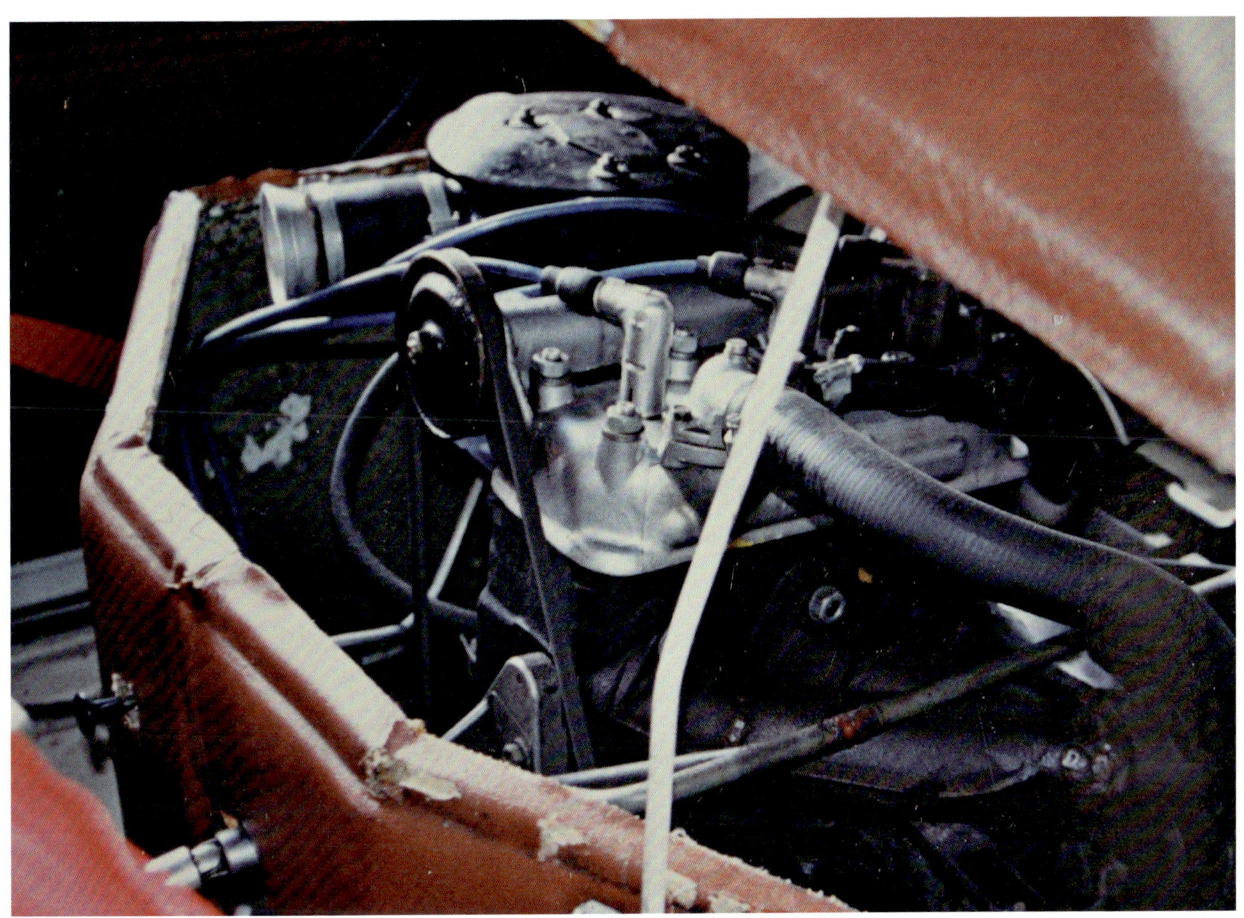

Jahre später hieß es für das Konstrukteurskollektiv um Herrn v. Freyberg, es gehe weiter, ein neuer 4-Taktmotor werde benötigt. Es sollte eine 3-Zylindermaschine entstehen, die den »alten Zweitakter« mit ebenfalls drei Zylindern ablösen und gleichzeitig so beschaffen sein sollte, dass dieser neue Motor im alten Wartburg 353 und Transporter Barkas B 1000 montiert werden konnte. Der Motor (Typ 234) wurde in 14 Mustern hergestellt, er hatte fast 1.200 cm³ und leistete 60 PS/44 kW. Interessant bei beiden Typen war, dass die 4-Takt- Motore für die Neuentwicklungen der Pkw Wartburg und Trabant und ebenso Kleintransporter Barkas als Antriebseinheit geplant waren. Doch die Motorenentwickler hatten scheinbar mit einer Sache nicht gerechnet – seitens der Regierung waren in den 1980er-Jahren Verhandlungen zu VW aufgenommen worden. Nunmehr wurde dieser Motor für die zukünftigen DDR-Pkws favorisiert (was dann auch geschah). Selbstverständlich waren auch die Zwickauer Automobilwerker nicht untätig, der Konstrukteur Lothar Sachse war sichtlich bemüht. Auf der Basis des Trabant 601 entstand 1968 der Prototyp P 602 V als Schrägheck-Pkw. Die bisherige Karosse wurde modernisiert, hinten wurde die Kofferklappe als Schrägheck ausgelegt, die Vorderachse erhielt Schraubenfedern und der Tank hatte statt 26 nunmehr 32 Liter Fassungsvermögen und wanderte vom Motorraum in den Wagenboden des Hecks. Serienproduktion? Nein! Dafür wiederum neue Konstruktionsaufträge. Es entstanden 1970 vier Funktionsmuster P 760, der eine Stahlblechkarosse besaß. Der Wagen sollte annähernd identisch in Zwickau mit einem 1.100-cm³-Motor und in der

3-Zylinder-Wartburg-Mittelmotor; vorn im Motorraum befindet sich die zweite Maschine. Die Beschleunigung des Allradwagens vom Typ W 353 war gigantisch.

Der AWE-3-Achs-Transporter (mit Rallyefahrzeug) wurde in Eisenach entwickelt und von der Sportabteilung genutzt.

Eisenacher Variante mit einer 1.300-cm³-Maschine ausgestattet werden. Das geschah bei vier Fahrzeugen, dann: aus der Traum. Doch die Zwickauer waren auch weiterhin optimistisch. Zwischen 1973 und 1978 entstanden 20 Funktionsmuster vom Typ P 610, einem völlig neuen Auto ebenfalls mit Stahlblechkarosse. Die Eisenacher Version mit vier Türen sollte eine 1300-cm³-Maschine von Dacia und die Zwickauer Version mit zwei Türen einen 1100er-Škoda-Motor erhalten. Warum übrigens Škoda- und Dacia-Motor? Es gab zum einen innerhalb des RGW in den 1970er-Jahren die Tendenz, ein Einheitsauto zu bauen – hier der Motor, von dort die Karosse, von da die Innenausstattung usw. Dieses Vorhaben wurde letztlich nicht verwirklicht. Aber: Die DDR suchte eine Ablösung für die Zweitaktmotore und hier bot sich der in der ČSSR produzierte Škoda-Motor und der in Rumänien produzierte Dacia-Motor (Renaultlizenz) an. Daneben standen die Eisenacher Eigenentwicklungen, die ja ebenfalls 4-Takt-Motore waren. Verschiedene Maschinen wurden zudem in den Varianten längs und quer zur Fahrtrichtung eingebaut, doch zur Serienproduktion kam es in keiner Variante. Stichwort Kunststoff nur beim Trabant? In Eisenach entstanden Anfang der 1970er-Jahre sechs Schräghecklimosinen mit der Bezeichnung W 355. Die Karosse war aus GFP-Kunststoff gefertigt und auf dem Ovalrahmen des W 353 befestigt. Ausprobiert wurde der Pkw mit dem traditionellen 3-Zylinder-Zweitaktmotor und einem Renault-Motor mit 1.400 cm³. Für seine Zeit ein sehr modernes, komfortables und (ja, auch!) schickes Auto. Angeblich wurde im Politbüro deshalb keine Freigabe der Serienproduktion erteilt, weil es zu »abgehoben kapitalistisch« aussah – junge, reiche Menschen würden sich damit wohlfühlen,

aber nicht die Arbeiter in der DDR. Sei es wie es sei, das übrig gebliebene Fahrzeug kann auch im Eisenacher Museum bestaunt werden. Dass es eine zufällige Ähnlichkeit mit einem anderen Pkw hat, wird in diesem Buch kurz beschrieben. Bei der Betrachtung der vielen Anstrengungen soll nicht vergessen werden, dass es neben der »Melkus-Sportwagenversion RS 1000« auch bei beiden Herstellern Ausführungen für den Rallyesport gab. Die Beteiligung an solchen Zuverlässig-

keitswettbewerben war über Jahrzehnte für die Zwickauer genau so wichtig wie für die Eisenacher. Ob es im Auftrag des damaligen Leiters der AWE-Sportabteilung, Herrn Karlfried Weigert, geschah, ist nicht überliefert, aber es entstand in Eisenach ein wunderschönes 3-achsiges Transportfahrzeug für Rallyewagen. Und weil Rallyewagen nicht nur zuverlässig, sondern in der Wertungsprüfung auch schnell sein müssen, wurde 1982 ein W 353 mit zwei Motoren ausgerüstet.

Ein Motor saß »wie immer« vorn, der andere wurde als Mittelmotor (im Heck) eingebaut. Zwei 3-Zylinder-Zweitaktmotore von je 1.120 cm³ Hubraum und je 105 PS/77 kW verliehen diesem Pkw nicht nur eine enorme Beschleunigung, sondern sicherlich auch einen enormen Sound. Es war ein toller Beweis der Automobilbauer, mit welchen »Tiefschlägen« sie oft umgehen mussten, aber nie den Mut und die Kraft verloren, an etwas Neues und Anderes zu denken.

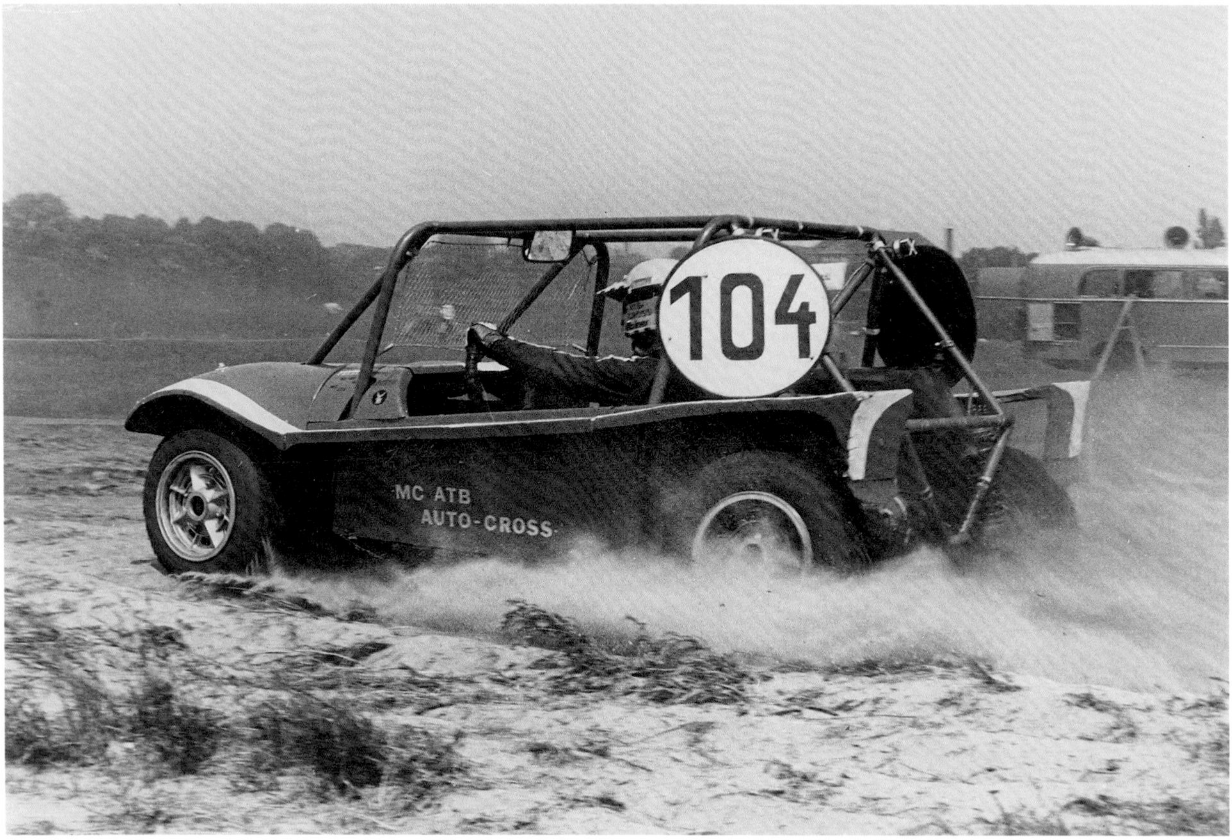
104
MC ATB
AUTO-CROSS

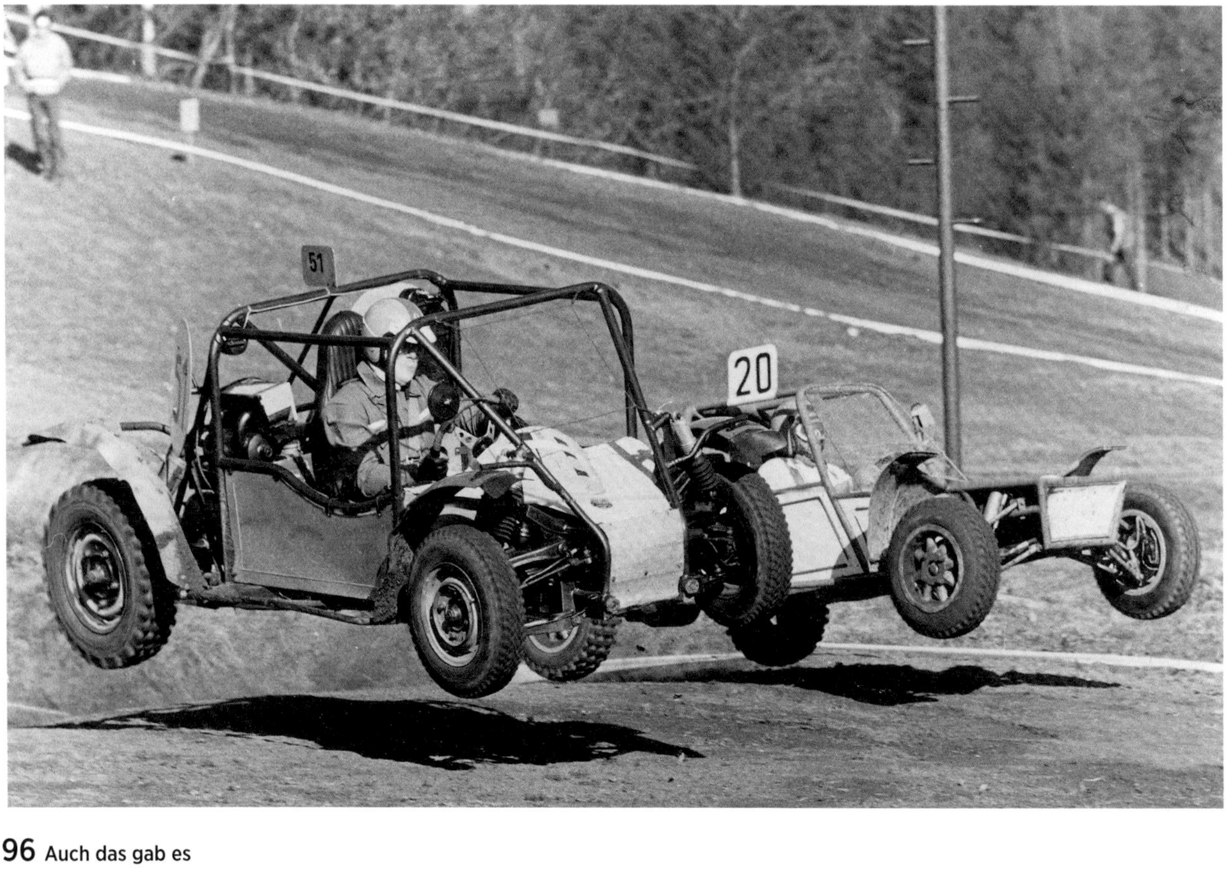
51
20

Ein Versprecher im DDR- Fernsehen in der heiklen Kfz-Situation

1974 veranstaltete der ADMV in Berlin seinen vierten Verbandstag. Dessen Atmosphäre war nicht zuletzt dadurch geprägt, dass sich der Verband seit 1973 von der Durchführung und Teilnahme an Welt- und Europameisterschaftsläufen gewissermaßen »distanziert« hatte. Der Grund lag u. a. auch darin, dass zum einen an allen Ecken und Kanten harte Währung gespart werden musste. Zum anderen ging es ebenso um die Beschaffung von Fahrzeugen, Ersatzteilen, Sporttechnik, Reifen und Zubehör. Die Situation war nicht einfach, da schon die normalen Pkw-Besitzer in der DDR häufig sehr unzufrieden waren und auf benötigte Verschleiß- oder Ersatzteile häufig lange warten mussten, geschweige denn kurzfristig einen Reparaturtermin in einer Werkstatt bekamen; vom Kauf eines neuen Wagens ganz zu schweigen. Allen Beteiligten war damit klar, diese schwierige Situation hat deutliche Auswirkungen im Motorsport. Mit DDR-Mark, damals nationale Binnenwährung, kam man auch nicht weiter, schließlich lief die Kfz-Branche im gewissen Sinn auf »dem Zahnfleisch«. Trotzdem sannen die Vertreter des ADMV nach alternativen Ideen und wollten auf keinen Fall einen sportlichen Stillstand riskieren, wieder war der Erfinderreichtum der Hobbybastler gefragt.

Der damalige Vizepräsident des ADMV, Horst Schlimper, zugleich DDR-Verkehrsminister, konnte daher recht gut einschätzen, wann der ADMV mit neuen Ideen bei der Regierung und Partei »anecken« würde und wann nicht. Dank seiner Kenntnis der tatsächlichen Situation hatte er immer das Gespür dafür, wo wirkliche wirtschaftliche Engpässe existierten, die bereits den Unmut der Bevölkerung hervorriefen, und was vielleicht gerade noch verantwortbar war. Edelbastler, kleinere Teams oder Interessengemeinschaften, die tüftelten und experimentierten, hatten ihre Freiheiten und erhielten oft in Betrieben, Lehrwerkstätten oder Jugendclubs irgendeine Unterstützung. Und wenn der Durchbruch zur »Messe der Meister von Morgen« gelang, konnten sich selbige der offiziellen staatlichen Unterstützung sicher sein. Nicht alles sollte an die »große Glocke« gehängt werden, da es oft keine Sicherheit einer kontinuierlichen Serienproduktion trotz großer Nachfrage gab. Geister wecken und dann einen Rückzieher machen, war immer irgendwie negativ besetzt. Ein kleines Team beschäftigte sich Mitte der 1970er-Jahre mit dem Eigenbau von sogenannten Buggys. Der Ursprung des Sports mit solchen Fahrzeugen – damals auch Strandkäfer genannt – lag in den USA. An der dortigen Pazifikküste wurden am Strand und später auch in den Dünen Rennen veranstaltet. Auch auf dem europäischen Festland fanden sich bald die nächsten Anhänger. Motorsportler in der DDR begeisterten sich dafür und wurden zu neuen Aktivitäten

Bilder dieser Doppelseite: Ein Versprecher von Herrn Dr. Frankenberg im DDR-TV führte zu einer neuen Disziplin, dem Autocross. Es waren aus Altteilen entstandene Fahrzeuge. Autocross entwickelte sich in wenigen Jahren zu einer neuen Disziplin, in der es spannende Rennen zu sehen gab.

inspiriert. Erste Versuchmuster entstanden, sie wurden auf dem »Bergring« in Teterow der Fangemeinde vorgeführt. Als sich dann eine Arbeitsgruppe im ADMV offiziell mit dieser neuen Sportart beschäftigen wollte, hatten Vizepräsident Horst Schlimper und Generalsekretär Gerd Thom Bedenken: »Wenn wir eine neue Sportdisziplin schaffen, in der Fahrzeuge aus Pkw-Ersatzteilen und Pkw-Motoren genutzt werden, gibt es Ärger, die pfeifen uns wegen der angespannten Materialsituation zurück …« Auch der damalige ADMV-Präsident Egbert von Frankenberg nahm an dieser Sitzung teil, verstand aber manchmal nicht alles, er nutzte oft sein Hörgerät. Nach dem Verbandstag und der späteren Präsidiumssitzung wurde er ins DDR-Fernsehen zu einem Interview eingeladen, bei dem

Der Porsche-Motor im Autocrosswagen – eine Eigenbaukonstruktion von Klaus Riedel

auch über die Entwicklung des Motorsports geredet wurde. Auf die Frage des Reporters, ob es etwas wirklich Neues gäbe, antwortete Egbert von Frankenberg: »Ja, wir entwickeln im ADMV jetzt eine neue Sportart. Alte Autos werden umgebaut und fahren dann auf Strecken wie beim Cross …«. Ganz sicher verdrehten etliche Vertreter der DDR-Fahrzeugbranche und der Sportorganisation ob dieser Idee die Augen, widersprechen aber wollte niemand – und so war eine weitere Sportdisziplin geboren.

Und da gings los …

Der ADMV gründete 1975 eine Kommission unter Leitung des Berliner Kfz-Ingenieurs Werner Korth. Als erstes entwickelte man ein Konzept, wie mit möglicher Kritik umzugehen sei und woher die benötigten Teile kommen sollten, die die Fahrzeugindustrie nicht liefern würde. Ähnlich wie im K-Wagensport wurde dies so begründet, dass man nichts aus dem sogenannten Bevölkerungsbedarf zur Verfügung stellen konnte. Also war die einzige Alternative, gebrauchte Teile aufzuarbeiten, alte Teile zu regenerieren und vieles im Eigenbau zu entwickeln. Junge Leute sollten tüfteln und mit Hingabe neue Ideen beisteuern.

Als nächstes erließ die Kommission Bauvorschriften für die Herrichtung von Buggys, die festlegten, wie das Fahrwerk auszusehen habe, welches Rohr mit welcher Wandstärke für die Überrollkäfige zu verwenden sei, wie ein stabiler Gurt für die Fahrersicherung montiert werden müsse oder wo der Feuerlöscher angebracht werden sollte, damit er im Fall eines Falles auf der Rennstrecke auch ausgelöst werden konnte. Die Festlegungen der Kommission waren technisch sehr präzise. Es gab drei Klassen: bis 600 cm^3 mit einem Trabant-Motor und einem Mindestgewicht von 360 Kilo; bis 1000 cm^3 mit einem Wartburgmotor und 400 Kilo Mindestgewicht sowie 1300 cm^3 und 460 Kilo Mindestgewicht. Jeder Cross-Buggy musste mit vier Rädern und einem Felgendurchmesser von maximal 16 Zoll ausgestattet sein. Für die Bremsanlage waren zwei eigenständige Kreise (unabhängige Funktion) verpflichtend

Rennwagen des Berliner Motorsportlers Peter Mücke. Als Antrieb dienen zwei Yamaha-Motore.

und der Überrollkäfig musste aus kalt gestrecktem Stahl mit einer Mindestwandstärke von 2,6 mm und einem Durchmesser von 38 mm bestehen. Statt einer Windschutzscheibe schützte ein stabiles Drahtgitter den Fahrer vor Steinschlägen im Gesicht. Scharfkantige Teile waren verboten und im Innenbereich waren Abpolsterungen verpflichtend. Die Wagen waren tatsächlich samt und sonders Eigenbauten. Ein weiteres Problem bestand darin, dass es keine Autoreifen mit Cross-Stollenprofil gab. Aber auch hier griff wieder einmal der Erfinderreichtum der Beteiligten: Anfang der 1980er-Jahre ließ der ADMV Modelle von Reifenformen herstellen. Da Pkw-Reifen in der DDR sehr knapp waren, wurden als Alternative abgefahrene Altreifen verwendet, die man im Vulkanisierwerk Berlin-Schmöckwitz runderneuerte. Das heißt, auf das abgefahrene Straßenprofil vulkanisierte man mit Hilfe dieser speziellen Form das nunmehr griffige Cross-Profil. Somit war wieder eine Bedarfslücke geschlossenen, der Bevölkerung wurde nichts »weggenommen« und die Sportler waren mehr oder weniger zufrieden. Und noch in einer weiteren Angelegenheit hielt man im Prinzip Wort. Nach dem Reglement der FIA war auch die Zulassung von Buggy-Tourenwagen möglich. Diese mussten in ihrer Grundausstattung einem serienmäßigen Personenkraftwagen (Typ freigestellt) ähneln, durften aber frisiert, leichter gemacht und umgebaut werden. Das bedeutete für die DDR, dass diese Fahrzeuge über eine Karosserie vom Škoda, vom Lada, vom Wartburg, vom Moskwitsch oder vom Trabant hätten verfügen müssen. Das war für die verantwortlichen Motorsportfunktionäre der DDR ein echtes Problem, denn es hätte zu vielen Protesten seitens der Bevölkerung geführt. So blieb es bei den im Eigenbau hergestellten Buggys, die keine Identifikation mit einem Serien-Pkw hatten.

Im Jahr 1976 schrieb der ADMV dann eine Bestenermittlung (für Ausweisfahrer) aus. Nach zwei Jahren waren die drei Hubraumklassen so gut besetzt, dass ab 1978 die DDR-Meisterschaft für Lizenznehmer folgte. Von da an nahm die Entwicklung dieser Sportdisziplin einen rasanten Verlauf. Wurde zu Beginn noch auf Motocrossstrecken gefahren, entstanden in neun von 15 Bezirken Autocrossstrecken. Die Fahrzeuge wurden in der Optik gefälliger und zudem noch flacher gelegt. Es kam nicht mehr nur darauf an, über Sprunghügel zu fliegen, sondern rasanter und schneller den Kurs zu absolvieren. Abhängig von der Länge und Breite der Bahnen mit losem, wenn notwendig gewässerten Untergrund, starteten in der Regel acht bis zwölf Fahrzeuge gemeinsam. Aus den Vorläufen wurden die Besten ermittelt, bis dann die Schnellsten das Finale bestritten. Manche Veranstalter zählten bei diesen Wettbewerben 8000 bis 12 000 Besucher. Mit diesen Einnahmen konnten die Strecken umgebaut, verbessert und sicherer hergerichtet werden. Manche Veranstalter, etwa die in Frohburg, in Seelow, in der Lausitz oder im thüringischen Bad Salzungen, richteten die Kurse so her, dass sie internationalen Bestimmungen entsprachen. Autocross

Autocrosswagen des Berliner Rennfahrers Jörg Lassig, hergerichtet nach internationalen Vorschriften

war international geworden und die Motorsportvertreter aus der Sowjetunion, Bulgarien, Polen, Rumänien, der ČSSR, Ungarn und der DDR einigten sich auf den Mannschaftswettbewerb »Pokal der Freundschaft«. Jedes Team entsandte vier Fahrer. Die Gastgeber konnten zusätzlich eine zweite Mannschaft benennen. Dieser Pokal wurde ausschließlich in der Klasse bis 1300 cm³ ausgetragen, ab Mitte der 1980er-Jahre waren dann Motoren bis 1600 cm³ erlaubt. Einige der DDR-Autocrossfahrer maßen sich bei Wettbewerben in der ČSSR oder Bulgarien mit der »richtigen« internationalen Konkurrenz und sahen dabei nicht schlecht aus. So reifte 1988 auch in der DDR die Idee, im Jahr darauf die besten Fahrer für die Europameisterschaft zu nominieren. Dafür wurden die Autos noch einmal völlig überholt, beziehungsweise neu aufgebaut. Da es dem ADMV gelang, vom zuständigen Ministerium die Genehmigung zu erhalten, Ersatzteile für den Motorsport zollfrei aus der Bundesrepublik einzuführen, griffen auch die Autocrosser zu. Einer der DDR-Piloten verbaute in seinen neuen Rennwagen zwei Yamaha-Motorradmotoren (je vier Zylinder), ein anderer einen in die DDR importierten Porsche-Motor. Die Wettbewerbswagen sahen modern und schnittig aus, waren leistungsstark und schnell. Ab 1989 war die Teilnahme an den Läufen zur Europameisterschaft in Spanien, Portugal, ČSSR, Frankreich oder der Bundesrepublik auch offiziell wieder erlaubt und der ADMV entsandte seine Sportler zur internationalen Konkurrenz. Wenige Monate später war dann klar, dass ab 1990 alles anders sein würde. Von den einstigen Veranstaltern ist auf dem Gebiet der neuen Bundesländer noch etwa die Hälfte der Szene treu geblieben, die Fahrerschaft ist im Laufe der Zeit leider auf 25 Prozent im Vergleich zur früheren Beteiligung geschrumpft.

Diese Atmosphäre am Sachsenring fand Herr Voigt vor – Oldtimerpräsentation vor voller Tribüne, Rennfahrer im Wettkampf und beim »Schrauben« im Fahrerlager.

Erinnerungen nach einem Wiedersehen

Motorsport war in der DDR, wie in vielen anderen Ländern, auch von der Fahrzeug- und Zubehörindustrie abhängig. Denn nur mit möglichst ingenieurtechnisch entwickelter sowie vorher getesteter Technik, ließen sich standfeste, leistungsstarke Motoren oder sichere Fahrzeuge auch im Motorsport einsetzen. In der DDR war die Sache insofern nicht einfach, da außer in den Automobilwerken Eisenach und Zwickau sowie bei den Zweiradproduzenten in Suhl und Zschopau keine für den Motorsport geeigneten Fahrzeuge produziert wurden.

Im Nachbarland ČSSR gab es Sportmotorräder der Marken Jawa und CZ sowie den Pkw Škoda auch in getunter Ausführung. Der Pkw von Lada aus der UdSSR war im Automobilrenn- und Rallyesport begehrt; die Fahrzeuge Dacia aus Rumänien oder Polski Fiat aus Polen waren weniger geeignet und der Zastava aus Jugoslawien war schlichtweg schwer zu bekommen. Hinzu kam das Problem der langen Wartezeiten. Und wenn dann ein Neufahrzeug zur Verfügung stand, war »familiärer Unfrieden« vorprogrammiert, wenn damit Sport getrieben werden sollte. Deshalb griffen Aktive meistens auf verschlissene oder verunfallte Altfahrzeuge zurück; die Variante Auf- und Eigenbau nahm daher einen immer größeren Umfang an. Anlässlich des Motorrad- und Automobilrennens am traditionellen »Sachsenring« 1987 oder 1988 weilte der Generaldirektor VVB Automobilbau (Sitz in Karl-Marx-Stadt/heute Chemnitz), Herr Dieter Voigt, als Ehrengast mit seiner Frau und Tochter unter den Besuchern auf der riesigen Holztribüne unweit von Start und Ziel. Ich wurde gebeten, ihn durch das Fahrerlager zu führen, die technischen Bestimmungen der einzelnen Fahrzeugklassen zu erörtern, Teams vorzustellen und über den Motorsport zu berichten. Herr Voigt zeigte sich zu meinem Erstaunen nicht nur sehr interessiert, sondern fragte mich auch »ein Loch in den Bauch«, was durchaus positiv gemeint ist. Zu oft hatten verschiedene Motorsportfunktionäre und ich vernommen »… wir haben zu wenig Pkw für die Bevölkerung, Ersatzteile sind Mangelware und die Motorsportler verheizen die wertvollen Fahrzeuge … muss das sein …?« Deshalb hatte ich eigentlich eine Reaktion von Herrn Voigt erwartet: »… ist ja alles gut und schön, aber für mich ist das, was ihr macht, Salz in die Wunde … durch euch ist alles noch schlimmer …«. Doch genau das Gegenteil war der Fall. Ergebnis des Besuchs und Rundgangs am »Sachsenring«: Ich erhielt einen Termin im damaligen Sitz der VVB in der Karl-Marx-Städter Kauffahrtei und musste den anwesenden Herren die technische Situation im Motorrad- und Automobilrennsport (des ADMV) erklären. In Zschopau war etwa 1976 der Bau und die Weiterentwicklung von Straßenrennsportmotorrädern der Hubraumklassen 125 und 250 cm³ beendet worden. Der bekannte Motorradhersteller hatte sich auf den Motorradgeländesport (heute Enduro) in den Klassen 250/350/500 und über 500 cm³ konzentriert. Seit dieser Zeit halfen sich die Rennsportler zwar mit Unterstützung verschiedener Unternehmen oder einiger Handwerksbetriebe nur noch selbst. Im Motorradwerk Suhl wurden ebenso kleinere Maschinen für den Motorradgeländesport mit 50 und 75 cm³ (später 125 cm³) mit hoher Leidenschaft entwickelt. Doch für den Straßenrennsport gab es ebenso keine Fahrzeuge, auch in diesen »Schnapsglasklassen« mussten sich die Rennfahrer

Dieter Voigt, der ehemalige Generaldirektor VVB Automobilbau

Rennwagen der Klasse B8 im Startbereich am Sachsenring in den 1980er-Jahren.

selbst helfen. Eigenbau auf Simson-Basis, umgebaute Importmaschinen oder neu aufgebaute Altfahrzeuge bestimmten das Bild. International war die ehemalige Klasse bis 50 cm³ in dieser Zeit auf den Hubraum 80 cm³ erweitert worden. Der Automobilrennsport bestand aus der nationalen Tourenwagenklasse bis 600 cm³ (Trabant) und der internationalen Klasse bis 1.300 cm³ (meistens Lada, z. T. Škoda, Polski Fiat, Zastava). Hinzu kamen die Formelrennwagen bis 1300 und 1600 cm³. Auch hier hatten sich kleine Teams gebildet – eine Gruppe baute Rahmen, eine Gruppe besaß Erfahrung im Motortuning, andere fertigten aus Kunststoff Verkleidungen und Spoiler. Das alles erklärte ich dem interessierten Herrn Voigt, sicherlich mit dem Wunsch und freundlichem Hinweis »… schade, dass uns die Industrie nicht helfen kann …«. Sie konnte! Resultat dieser Beratung: Generaldirektor Voigt stimmte zu, mit der IFA-Fahrzeugindustrie interessante Projekte finanziell und praktisch in die Tat umzusetzen. Gemeinsam mit dem Motorradwerk Simson in Suhl und der Firma Bernd Göpfert aus Zwickau sollte eine 80 cm³ Rennmaschine entwickelt werden. (siehe hierzu Interview mit Göpfert).

Der Firma Melkus in Dresden wurde gemeinsam mit dem ADMV das Rennwagenprojekt ML 89 übertragen. In dieser Zeit wurden VW-Pkw-Motoren für den späteren Einbau in den Wartburg (1300 cm³) und Trabant (1000 cm³) eingeführt, mit Anbauteilen aus der DDR komplettiert und in Karl-Marx-Stadt auf dem Prüfstand getestet. Der VW-Motor mit 1300 cm³ sollte zum Einsatz kommen. Nicht nur zwei Motoren wurden bereitgestellt, sondern erhebliche finanzielle Mittel, um den neuen Rennwagen auch bauen zu können. Als wir dann den Wunsch vortrugen, dass für den internationalen Einsatz ein Hubraum von 1600 cm³ besser wäre, setzte Generaldirektor Voigt unser Anliegen in die Tat um. Damals sagte er sinngemäß: »… das ist kein Problem, wir bekommen 1.300 cm³ Motoren für den Prüfstand, ich werde in Wolfsburg zwei mit 1.600 cm³ Hubraum erbitten …« Das war ein großer Erfolg für das Team und natürlich für den ADMV, zumal der Rennwagen durch ein optisch neues Design sehr gefiel. Wobei zur Wahrheit gehört, dass dieser Motor ein völlig anderes Prinzip der Ventilsteuerung hatte und scheinbar für Tuningmaßnahmen weniger geeignet war. Das ganze Team der

Formelrennwagen im Startbereich am Sachsenring in den 1960er-Jahren. Die zahlreichen Besucher sitzen auf Holztribünen, jährlich errichtet durch den VAD (Veranstaltungsdienst des ADMV mit Sitz in Halle/S.).

Mitwirkenden war damals jedoch in toller Stimmung und in großer Dankbarkeit gegenüber Herrn Voigt. Er war führender Kopf einer Industrie, die, wenn man so will, täglich die Unzufriedenheit der Bevölkerung spürte. Und trotzdem erkannte er das Interesse und Engagement der Motorsportler an und lehnte sich dafür »aus dem Fenster«. Das Projekt wurde nach 1990 mit dem Tod von Rennfahrer Ulli Melkus (Verkehrsunfall) und dem Ende der DDR und Auflösung der wirtschaftlichen Automobilbaustrukturen eingestellt.

Eine spätere Begegnung ließ die damalige Aktion noch einmal lebendig werden. Wir stellten anlässlich der AMI auf dem neuen Leipziger Messegelände unweit der A 13 Ende der 1990er-Jahre Motorsporttechnik des ADMV in der Halle 4 aus. Alles war vorbereitet, ich saß mit Herrn Horst Scholtz (ehemaliger Staatssekretär im Fahrzeugministerium) in einem Restaurant unweit des Messegeländes. Ich stieß Herrn Scholtz mit der Bemerkung an: »… dort am Nachbartisch sitzt Dieter Voigt, der ehemalige Generaldirektor …«. Er war unsicher, wollte es nicht glauben. Ich stand auf, ging zum Tisch, grüßte höflich und fragte … es war Herr Voigt! Er erkannte dann auch Herrn Scholtz, große Wiedersehensfreude. Er berichtete uns, dass er als Generaldirektor und ehemaliges Mitglied der SED 1991/92 bald zu spüren bekam, dass seine berufliche Zukunft hierzulande besiegelt ist. Doch Persönlichkeiten aus dem VW-Konzern kannten ihn und schätzen seine Erfahrungen sowie sein Leistungsvermögen. Leider war in dieser Zeit die »Luft zu vergiftet«, mit ehemals leitenden Kadern der DDR- Wirtschaft wollten viele nichts im vereinten Deutschland zu tun haben. Deshalb vermittelten sie ihm einen Job in den USA. Er war momentan in Chemnitz, um persönliche Dinge zu erledigen, wartete jetzt in Leipzig auf seinen Flieger nach Frankfurt/M., um dann wieder »über den Teich« zum neuen Arbeitgeber zu reisen. Irgendwie fanden wir es sehr gerecht und toll, dass es Herrn Voigt gelungen war, in seinem Beruf wieder Fuß zu fassen und sein Wissen und Können auch unter marktwirtschaftlichen Bedingungen unter Beweis zu stellen.

oben: Prototyp eines kleinen Transporters, der in Funktionalität, Ausstattung und Formgebung internationalen Standard hatte

Modell eines neu entwickelten Kleinbusses

Moderne Lastkraftwagen und Transporter aus der DDR

Es wäre unvollständig und auch ungerecht, nicht an die Mühen der Hersteller von Lkw, Transportern oder Kleinbussen ebenso zu erinnern. Es ist 95 Jahre her, als 1926 in Frankenberg der Bau der Dreirad-Lieferwagen begann. Vor über 60 Jahren wurde der kleine Universaltransporters Framo hergestellt und 1961 liefen die ersten B 1000 vom Band. Der Zusammenschluss der Werke in Frankenberg und Hainichen sowie der spätere Anschluss des Motorenwerkes Karl-Marx-Stadt (Chemnitz) samt Bezeichnung Barkas war die eine Seite; heute ist das nur noch für Historiker von Bedeutung. Niemand muss denken, das die Barkas-Werker auf der anderen Seite 50 Jahre lang tagein und tagaus immer dasselbe Fahrzeug gebaut hätten. Sicherlich in unzähligen Varianten als Bus, Koffer, Transporter, Pritsche, Krankenwagen oder Einsatzfahrzeug der Polizei – äußerlich unverändert. Und doch gab es auch für dieses beliebte Fahrzeug Veränderungen, die jedoch nie das Licht der Öffentlichkeit erblickten.

Die Firma Fleischer in Gera, die eine große Erfahrung im Busbau hatte, nahm sich des Projekts an und präsentierte bereits 1968 einen »gestylten Kleinbus«, der sogar eine elektrisch öffnende Schiebetür besaß. Es blieb bei einem Muster, es kam nicht zur Serienproduktion. Ein Jahr später, 1969, war das erste Versuchsmuster vom B 1100 fertig. Konnte man bei der Fleischervariante noch die Ähnlichkeit zum »alten« B 1000 erkennen, war dieses Mal Führerhaus/Aufbau/Kabine komplett verändert. Das Fahrzeug hatte in Formgebung und Ausstattung sowie Funktionalität bereits internationalen Standard. Geplant war, diesen modernen Nachfolger mit einem Viertaktmotor 1975 in die Serienproduktion zu überführen. Bereits die Erprobungsmuster sollten einen Viertaktmotor erhalten, unterschiedliche Varianten standen zur Verfügung; getestet wurde mit einer 1.500-cm³-Maschine/4-Takt-Prinzip/4-Zylinder vom Moskwitsch und dem modifiziertem Wartburg-Motor mit drei Zylindern. Wenn man bedenkt, dass in Eisenach bereits neue Motoren entwickelt wurden, wäre das ökonomisch und technisch sicherlich ein idealer Ansatz gewesen. Doch so, wie die Entwicklungsvorhaben in Zwickau und Eisenach »nach Beschluss aus Berlin« abgebrochen wurden, musste auch Mitte 1972 das Vorhaben B 1100 beendet werden. Etwa 4 000 000 DDR-Mark waren in den »Sand gesetzt«. Ganz zu Ende ist die Entwicklung noch nicht – tatsächlich gab es in den fast 20 Jahren zwischen 1972 und 1991 ständig Verbesserungen, die zur Gebrauchswerterhöhung, besseren Bedienbarkeit und auch Minderung der Luftverschmutzung führten: Kraftstoffmischungsverhältnis mit Öl statt 1:33 nunmehr 1:55; verbesserte Kupplung und hydraulisches Kupplungssystem; geschlossenes Kühlsystem; statt Schneckenlenkgetriebe nunmehr Kugel-

Auch das wurde entwickelt – ein 2-sitziges Versehrtenfahrzeug mit MZ-Motor.

Ein modernisierter ROBUR-Lastkraftwagen

umlauflenkgetriebe; Drehstromlichtmaschine 12 V/500 W; die Armaturentafel samt Bedienelemente werden verbessert. Sogar 3-Achs-Abschleppfahrzeuge entstehen. Und wie könnte es anders sein, der VW-Motor mit 1.272 cm³ treibt nicht nur den Wartburg, sondern 1988 auch die ersten B 1000 an. Es folgen weitere Detailverbesserungen, der B 1000 wird optisch schöner, ebenso gibt es eine Variante mit neun Sitzen. Doch im April 1991 läuft der letzte Wagen vom Band, dann ist Schluss. Wieder einmal hatten die Konstrukteure, Techniker und Mitarbeiter im Betrieb bewiesen, mit wie viel Hingabe und Einfallsreichtum sich kleine Schritte in der Praxis realisieren lassen. Solch ein Ende im Fahrzeugbau haben die motivierten Sachsen nicht verdient. Zum Glück landete nicht alles auf dem Müll – im Frankenberger Fahrzeugmuseum sind viele bekannte und unbekannte Dreirad- Lieferwagen, FRAMO und Barkas sowie Modelle (1:87) zu bewundern; staunen Sie ruhig, was es tatsächlich alles gab.

»Etwas größer« waren die Robur-Fahrzeuge aus Zittau, hervorgegangen aus dem ursprünglichen Unternehmen Phänomen, dass Rudolf Hiller gehörte. Die gesamte Geschichte selbst ist sicherlich interessant; wegen des Umfanges kann hier nur auf Fachliteratur verwiesen werden. Nach Beseitigung der Kriegsschäden konnte Ende der 1940er-Jahre aus vorhandenen »Resten« ein kleiner Lkw zusammengeschraubt werden; er war für den Transport von 1,5 Tonnen geeignet. Danach folgte die Produktion von Krankenwagen für das DRK, Mannschaftswagen für die Polizei und die ersten kleinen Reisebusse. Sie trugen die Bezeichnung GRANIT, Lastkraftwagen konnten bereits zwei Tonnen transportieren, es gab Ausführungen mit Hinterachs- oder Allradantrieb. Anfang der 1950er-Jahre kam zur Otto-Motorisierung auch die Dieselvariante hinzu.1956 wurde aus Granit dann Garant und 1957 mit der Zusammenlegung anderer Betriebsteile VEB Robur-Werke Zittau, ein Name, der sich bis zum Ende der DDR hielt.

Die Vielfalt der in Serie produzierten Fahrzeuge war gigantisch; am Namen LO 2500 oder LD 2500 erkannte man, es war ein Otto- oder Dieselmotor, Nutzlast bereits 2,5 Tonnen; es waren moderne Frontlenkerfahrzeuge, jedoch nur mit luftgekühlten Motoren. Versuche, die Wasserkühlung einzuführen, scheiterten. Auch wurde zwischenzeitlich die Dieselmotorenproduktion eingestellt – nunmehr musste wieder improvisiert werden. Wassergekühlte Motoren, die in Landwirtschaftsmaschinen ihren Dienst versahen, wurden eingebaut. Erst Anfang der 1980er-Jahre wurde der Dieselmotor in einer technisch verbesserten Variante »wiederentdeckt«. Die Modellpflege wurde unverändert fortgesetzt, Ziel war, mit einem modernen Fahrzeug international Absatz zu halten. Doch die komplizierte Zerstückelung in mehrere Betriebsteile und Produktion an ca. 15 Standorten, die veralteten Betriebsmittel und der politische Einfluss machten die Pläne der enttäuschten Robur-Arbeiter oft zunichte. Von Ministeriumsseite war vorgesehen, dass sich ein Betrieb mit Lkw bis drei Tonnen Nutzlast und der andere Betrieb mit Lkw über drei Tonnen Nutzlast beschäftigt, ein sicherlich nachvollziehbarer Gedanke. Doch die Zittauer saßen am kürzeren Hebel: veraltete Produktionseinrichtungen, zersplitterte Betriebsteile und wenig Lobby in der Regierung in Berlin. Hinzu kam auch die Notwendigkeit, die Motoren mit mehr Leistung auszustatten. Die Überlegungen im Ministerium und VVB Auto zielten auf ein 3-Zylindersegment mit ca. 75 PS (55 kW) und das 2-fach als 6-Zylinder-Kraftpaket mit ca. 150 PS (110 kW). Die Motoren, je nach Kombination, wären für landwirtschaftliche Fahrzeuge/Maschinen, kleinere Nutzfahrzeuge bis hin zum Lkw geeignet; auch die motorische Ausstattung von Militärfahrzeugen gehörte dazu. Die Motoren selbst wurden in Cunewalde, Nordhausen, Schönebeck, Zwickau und Zittau gefertigt; wie viel Geschick gehörte dazu, technische und wirtschaftliche Notwendigkeit in Übereinstimmung zu bringen und mögliche Eitelkeiten der einzelnen Firmen außer Acht zu lassen. Nicht vergessen werden soll in diesem Zusammenhang die Kooperation mit dem Industriewerk in Ludwigsfelde. So entstanden nach Entwürfen der Industrieformgestalter Clauss Dietel und Lutz Rudolph neue, einheitliche, kippbare Fahrerhäuser. Die Versuchsmuster bei Robur liefen unter den Typen D 609, der Bus unter O 601. Als Motorisierung war ein 6-Zylinder-Ottomotor mit einem Hubraum von 3.350 cm^3 vorgesehen. Um Platz zu sparen, wurden die Zylinder V-förmig (links 3/rechts 3) angeordnet, der Motor leistete 105 PS (77 kW). Die Entwickler, Konstrukteure, Technologen, Mitarbeiter sammelten mit den Versuchsmustern Erfahrungen, doch dabei blieb es, bis

Für die damalige Zeit der optisch sehr gefällige Kleinbus Garant, der Ende der 1950er-Jahre in Zittau gebaut wurde.

zum bitteren Ende 1990. Größer waren die Lkw aus Ludwigsfelde; die W 50 bestimmten seit 1965 über viele Jahre das Straßenbild der DDR, besser gesagt auch das Bild in »Industrie, Wald, Flur und Landwirtschaft« sowie im Rettungswesen oder bei den bewaffneten Organen. Die Ludwigsfelder boten unzählige Varianten mit Hinterachs- oder Allradantrieb an, das Fahrzeug war gefragt und wurde einer ständigen Detailverbesserung unterzogen. Bereits Ende der 1960er-Jahre folgte ein optisch völlig neu konstruiertes Fahrerhaus, danach die ersten Prototypen 1013 und 1118 als W-50-Nachfolger mit kippbarer Fahrerkabine. Kaum bekannt ist, dass auf »Wunsch der NVA« ein 3-achsiges Funktionsmuster mit niederdruckbereiftem Allradantrieb Anfang der 1970er-Jahre entstand. Hier reifte nicht nur der Wunsch nach einem 6-Zylinder-Motor mit mehr PS, dass versuchten die Ludwigsfelder auch dem Armeegeneral Hoffmann klar zu machen – Lobbyarbeit eben. Doch erst Ende 1974 war es soweit, dass ein Funktionsmuster L 60 mit 6-Zylindermotor, der 180 PS (132 kW) leistete und in Nordhausen hergestellt wurde, sowie kippbarem 3-sitzigen Fahrerhaus vorgeführt werden konnte. In den folgenden Jahren stand die Entwicklungsarbeit in Ludwigsfelde nicht still, weitere Funktionsmuster folgten: dreiachsige Fahrzeuge, auch als Sattelzugmaschine, Normalbereifung, Niederdruckbereifung, Kipper, Koffer- und Pritschenwagen. Das war nicht alles, Ende der 1970er-Jahre war man mit der Firma VOLVO soweit, dass ein schwedisches Musterfahrerhaus zur Verfügung gestellt und auf einem L 60 montiert wurde. Ziel war es, einen Vertrag zu erhalten, um zukünftig in Ludwigsfelde für VOLVO Fahrerhäuser zu produzieren. Doch auch dieses Vorhaben wurde 1980 auf Weisung des Politbüro-Wirtschaftssekretärs Günter Mittag beendet. Und es kam für die Ludwigsfelder noch schlimmer. Durch das viele hin und her waren die internationalen Marktansprüche längst enteilt, zusätzlich wurde das Projekt L 60 »auf Eis« gelegt und volle Konzentration auf den »alten W 50« vorgeschrieben. Mit der Moral der Belegschaft in Ludwigsfelde war sicherlich mehrere Wochen nichts anzufangen. Bis Mitte der 1980er-Jahre gab es weitere Detailverbesserungen und immer wieder neue Ausstattungsvarianten des W 50 (W 51, W 52, W 53), sogar mit einem Steyr- Fahrerhaus aus

Versuchmuster LKW L 70 aus Ludwigsfelde

Österreich. Erst 1987 konnte der Serienanlauf des L 60 beginnen, optisch hatte er das im Design wenig veränderte Fahrerhaus, wie seit 1965 vom W 50 bekannt. Doch 1989 gab es den Gestaltungsentwurf eines wirklich gänzlich neuen Fahrerhauses für den IFA L 70. Und dann? Dann kam die Wende und nach Ludwigsfelde Mercedes. Heute gehört das Unternehmen Daimler Chrysler Ludwigsfelde GmbH zu den größten Arbeitgebern der Region – Arbeitnehmer sind auch Ludwigsfelder IFA-Werker mit dem hohen Erfahrungsschatz aus DDR-Zeiten.

13 Meister und Macher im Gespräch

Manfred Blumenthal
geb. 6.12.1937
Motorenschlosser, Diplomingenieur

Tätigkeit in der DDR: Motorrollerproduktion: Schlosser, Einfahrer, Kundendienstmonteur, Gütesicherung NKW-Produktion: Versuchsingenieur Kraftfahrzeugentwicklung

Tätigkeit heute: Rentner, Vorstandsmitglied Verein Freunde der Industriegeschichte Ludwigsfelde e. V.

1. In welchem Jahr haben Sie den Beruf des Motorenschlossers erlernt und wann haben Sie sich zum Studium entschlossen?

Lehre 1952–1955; Ing.-Abendstudium 1961–1967

2. Ich welchem Betrieb begann Ihre Berufstätigkeit?

VEB Industriewerke Ludwigsfelde 1952-–1989

3. Im Industriewerk Ludwigsfelde (IWL) wurden mit Anfang der 1950er-Jahre die Roller Pitty, Wiesel SR 65, Berlin SR 59 und Troll TR 1 gebaut. Bestand in der Mitwirkung an diesen Zweirad-Fahrzeugen das besondere Interesse?

Mein Lehrvertrag von 1952 mit dem Hauptreparaturwerk Ludwigsfelde beinhaltete den Ausbildungsberuf Kraftfahrzeugschlosser. Mit dem Aufbau des Industriewerkes musste dieser Betrieb nach Kleinmachnow umziehen. Die Lehrlinge übernahm das Industriewerk. Da in diesem Großdieselmotoren gefertigt werden sollten, bekamen die Lehrlinge einen neuen Vertrag als Motorenschlosser. 1953 wurde die begonnene Motorenfertigung eingestellt (Neuer Kurs, Änderung der politischen Wirtschaftsführung) und die Rollerproduktion aufgenommen. Dies fand ich interessant und bekam einen Job in der Nacharbeit (Beseitigung der Mängel nach der Fahrprüfung).

4. Was wurde in Ludwigsfelde selbst gefertigt und welche wesentlichen Zulieferbetriebe waren für die Rollerproduktion notwendig?

Die wesentlichste Zulieferung war der Motor aus Zschopau. Ein spezieller Rollermotor konnte in der DDR aus Kapazitätsgründen nicht gefertigt werden. Es wurde auf den bewährten IFA-RT-Motor mit 125 cm³ zurückgegriffen, für den gemeinsam mit IWL ein Kühlgebläse entwickelt wurde. Blechteile kamen aus Bernsbach und Schwarzenberg, Felgen aus Ronneburg, Reifen aus Fürstenwalde, Riesa und Heidenau, Gussteile aus Leipzig und Bitterfeld und Elektrik aus Ruhla und Chemnitz. Das komplette Fahrgestell sowie einige Blechteile fertigte Ludwigsfelde, Lackierung und Montage erfolgte dort auch. Fahrzeugentwicklung, Fertigungstechnologie, Kundenbetreuung, Werbung und Messen waren Aufgaben des IWL.

5. Als Antriebsaggregat besaßen die Roller Weiterentwicklungen von DKW-Motoren, als MZ-Fabrikate mit 125 cm³ und drei Gängen. Gab es auch Eigenentwicklungen von IWL?

Nein. Der RT-Motor war eine Weiterentwicklung des Vorkriegsmotors von DKW in der DDR, wie auch der von DKW in der BRD gefertigte ein geänderter Nachbau war. In Zschopau waren alle Fertigungseinrichtungen als Reparation demontiert und auch die Konstruktionsunterlagen in die Sowjetunion verfrachtet worden. Es musste also alles neu konzipiert werden.

6. Roller wurden auch im Motorsport eingesetzt. Hauptsächlich, um die Standfestigkeit, Haltbarkeit, Handling und Leistungsfähigkeit im Auftrag des Unternehmens zu testen, oder war das für junge Leute einfach nur sportlich interessant?

Das IWL hatte in den Druckmedien einen schlechten Ruf. Grund war der, bei der vom IWL nicht gewollten, aber von der Partei durchgesetzten Vorstellung des 1. Pitty genannten Rollers, Serienbeginn Mitte 1954. Bekanntlich dauerte es bis 2/1955. Der Leitung wurde Unfähigkeit vorgeworfen und ein neuer Werkleiter sollte es richten. Dieser hatte die Idee, den Pitty 1955 bei der Geländefahrt 100 km durch die Dresdener Heide einzusetzen. Mit Erfolg. Bis 1959 beteiligte sich der Sportklub an Leistungsprüfungsfahrten (LPF). Dann wurde die Erfolglosigkeit mit dem seriennahen Roller eingesehen, zumal es auch keine Reifen mit Geländerprofil in der Dimension 12" gab. Für eine Handvoll nicht nur junger Leute war es dennoch interessant und einige von denen haben später nationale und internationale Meisterschaften in anderen Motorsportarten errungen!
Zu beachten. Das Unternehmen WFM (Polen) war noch lange Zeit mit dem Roller Osa sehr erfolgreich bei Fahrten in Großbritannien, und auch in der BRD nahmen noch in den 60er-Jahren Roller bei LPF teil.

7. Waren das sportlich »frisierte« Roller oder Serienfahrzeuge?
Es waren leicht veränderte Fahrzeuge. Pitty noch völlig Serienzustand, Wiesel dann mit schmaler Karosserie und geringer Leistungssteigerung.

8. Gab es Rollerentwicklungen, die als Prototyp zwar zum »Leben erweckt«, aber dann niemals in Serie gebaut wurden?
Nein.

9. Es wurden auch im optisch passenden Design Einachsanhänger entwickelt. Lag der Ursprung als Idee dazu im »eigenen Haus« oder kam die Forderung aus der Bevölkerung, die statt eines schwer zu bekommenden Pkw lieber einen Roller mit Anhänger haben wollte?
Der Anhänger wurde, wie bereits der Roller, durch Veröffentlichungen von Eigenbauten in den Druckmedien forciert. Dazu kam das Problem der Industriebetriebe, zusätzlich Konsumgüter herstellen zu müssen. Das IWL baute zwar Roller für den Konsumenten, aber diese wurden staatlich als Industrieerzeugnis gewertet, der Anhänger Campi jedoch als Konsumgut! Entwicklung im IWL, ab 1960 als Lohnauftrag bei Stoye gefertigt und 1965 beendet. Der Handel sah keinen Bedarf mehr.

Manfred Blumenthal (1970)

Der schicke Kleinroller Pitty aus Ludwigsfelde mit 125-cm³-Motor, der per Gebläse luftgekühlt wird.

Dieses Rumpfstück ist das letzte noch vorhandene Teil der legendären »152«, des ersten deutschen Düsenverkehrsflugzeugs. Es überstand drei Jahrzehnte als Materiallager auf dem einstigen NVA-Flugplatz Rothenburg (Kreis Görlitz), aufgenommen am 17.8.1993. Das historische Stück erinnert an den Mitte der 1950er-Jahre in Dresden unter Leitung des ehemaligen Junkers-Konstrukteurs Prof. Brunolf Baade entwickelten Passagier-Jet (66 Plätze, 800 km/h), der seinen Erstflug am 4.12.1958 absolvierte. Der mit einem Absturz endende Zweitflug brachte auch das Projekt zum Scheitern. Wie Insider vermuten, nicht zuletzt deshalb, weil die damalige Sowjetunion keine Flugzeugbau-Konkurrenz in der DDR dulden wollte.
Bild: picture-alliance/dpa-tmn | Thomas Lehmann

10. Wann gab es die Idee, Rennbootmotore im Industriewerk Ludwigsfelde (IWL) zu entwickeln?
Einige Motorsportler der näheren Umgebung, u. a. Arthur Flemming und F. Vahle, ließen in der Lehrwerkstatt des IWL Teile fertigen. Als 1956 das Werk mit der Serienfertigung der Strahlturbine Pirna 014 beauftragt wurde, erfolgte die Lehrausbildung als Triebwerkmechaniker. Triebwerkbauteile kamen aus Sicherheitsgründen nicht als Lehrarbeit in Frage. Was nun, wenn hoch qualifizierte Bauteilfertigung gelehrt werden soll? Von Vahle kamen einige Motorfragmente, aus denen die Lehrwerkstatt einen Rennbootmotor fertigen sollte. Die Werkleitung entschied, dafür einen Konstrukteur zu beauftragen und mit der Fertigung eines Rennmotors die erforderliche hohe Ausbildungsqualität zu gewährleisten. 1957 kam der erste RM 175 zum Einsatz, 1959 wird er erstmalig im Illustrierten Motorsport erwähnt.

11. Wurden für diese Zwecke, weil es ja auch Neuerungen waren, die Lehrwerkstätten mit eingespannt; so nach dem Motto junge Menschen begeistern sich für den Rennsport, auch um ein Alibi für solch ein Vorhaben zu haben?
Der Grund wurde bereits zuvor genannt, ein Alibi war nicht erforderlich. Aber die Lehrlinge waren hoch interessiert und verfolgten begeistert auch die Rennergebnisse. Außer Gussteilen und Zündanlage stellten die Lehrlinge alles selbst her und die Berufe Dreher, Fräser, Schleifer, Blechner und Montagetechniker hatten interessante Arbeit.

12. Diese Motore wurden auch international erfolgreich eingesetzt. Wäre auch ein Export dieser Motore mit wirtschaftlich tragfähigem Ergebnis möglich gewesen?
Von den Motoren der Klasse OJ 175 cm³ wurden von 1957 bis 1965 insgesamt 1.968 Stück produziert. Ab 1965 gab es zusätzlich einen neuen Motortyp RM 250 für die international bedeutendere Klasse OA bis 250 cm³, von dem noch 250 Stück gefertigt wurden. Exportiert wurden ca. 80 Prozent aller Motoren.
Die Verkaufserlöse deckten einen bedeutenden Anteil der Ausbildungskosten und erarbeiteten Devisen! Die Produktionseinstellung erfolgte 1965 aus Kapazitätsgründen, da die IFA-W50-Fertigung die Kapazität der Lehrwerkstatt benötigte. Ab 1958 hatte das IWL Vertragsfahrer. Ab 1961 erstmals zwei Werksangehörige als Fahrer, vor allem für Erprobungsfahrten außerhalb der eigentlichen Arbeit ein Vorteil. Da diese dann ab 1963 auch international erfolgreich waren, war die Einstellung der Rennmotorenfertigung ein herber Schlag für die Sportler. In Gesprächen mit dem Werkdirektor wurde finanzielle Unterstützung, abhängig von den Leistungen, vereinbart. Heute wird das als Sponsoring bezeichnet.
Außerhalb der Arbeitszeit entwickelte und baute ein Rennteam des Motorsportclubs IFA Ludwigsfelde mit der Sponsorenhilfe selbst Motoren und errang zahlreiche nationale und internationale Titel in den Rennbootklassen OJ, OA und OB.

13. Bevor Mitte der 1960er-Jahre die Lkw-Produktion begann, wurde in Ludwigsfelde das Strahltriebwerk TL 014 für das DDR-Verkehrsflugzeug Typ 152 gebaut. Es gab auf der einen Seite frühere Erfahrungen, auf der anderen Seite war vieles durch den Krieg zerstört und dann nach 1945 noch demontiert worden. Wie viele Triebwerke wurden zwischen 1959 und 1961 gebaut?
Es gab 1956 noch einige Mitarbeiter, die bei Daimler vor 1945 in der Flugmotoren-

fertigung tätig waren. Erfahrungen mit Strahltriebwerken hatten diese nicht, waren aber mit den Qualitätsanforderungen vertraut. Anzumerken ist: Sämtliche Produktionsstätten des Daimlerwerkes wurden 1945–1948 durch Sprengung zerstört, das Inventar, von Fertigungseinrichtungen bis Besen, in die SU als Reparationsleistung verbracht. Auf einem Teil des ehemaligen Daimlergeländes entstand ab 1953 mit Neubauten das IWL. Von 1957 bis 1961 wurden 28 funktionsfähige Strahltriebwerke hergestellt. Ab 1958 wurde das IWL mit der Generalreparatur von sowjetischen Triebwerken der NVA beauftragt. Dieser Betriebsteil II des IWL wurde 1965 ausgegliedert und besteht heute noch unter MTU Maintenance Berlin-Brandenburg GmbH.

14. Der geländegängige Kübelwagen P3 mit Allradantrieb und 6-Zylindermotor kam ursprünglich bzw. in der Basisfertigung aus Karl-Marx-Stadt (heute Chemnitz) und Zwickau. Wie weit war das Industriewerk Ludwigsfelde am Bau dieses Fahrzeuges beteiligt?

Mit der Einstellung der Triebwerkfertigung 1961 waren qualifizierte Facharbeiter, aber kein Erzeugnis vorhanden. Krampfhaft wurde nach einem Produkt gesucht. Findige Führungskräfte im IWL hatten von Kapazitätsproblemen im Wismutwerk Chemnitz gehört und überführten die Fertigung ins IWL. Im Jahr 1962 kamen bereits 120 P3-Kübelwagen (offiziell: Geländegängiger Personkraftwagen) aus dem Werk. Bis 1965 verließen 3.050 P3 das IWL. Die Einstellung erfolgte aus Mangel an Fertigungskapazität in der gesamten VVB Automobilbau. Die benötigten Kübelfahrzeuge für NVA und einige Unternehmen (Forst, Landwirtschaft, Energiewirtschaft) wurden fortan aus der Sowjetunion bezogen. Für den P3 ließe sich das so zusammenfassen – Motor: Zwickau; Getriebe: Leipzig; Lenkgetriebe: Triptis; Achsantriebe: Suhl;

Fahrgestell und Karosserie sowie Montage: Ludwigsfelde.

15. Im Sommer 1965 begann die Serienproduktion des Lkw IFA W 50. Wie viele Monate oder Jahre vorher wurden die Versuchsmuster getestet?
Der IFA W50 kam entwickelt in Vorserienreife aus Werdau nach Ludwigsfelde. Hier wurde die Konstruktion den neuen Fertigungsanforderungen angepasst und ab 1964 auch erprobt. Ebenso die Fertigungsmuster und die Nullserie. Sämtliche Typerweiterungen und Weiterentwicklungen, sowie Neuentwicklungen nicht in die Serie überführter Muster erfolgten im nun in VEB Automobilwerke Ludwigfelde (AWL) umbenannten Betrieb.

16. Welche hauptsächlichsten Baugruppen wurden in Ludwigsfelde selbst hergestellt und auf welche größeren (hauptsächlichste) Zulieferer war das Unternehmen angewiesen?
Das AWL gehörte seit 1963 der Vereinigung Volkseigener Betriebe (VVB) Auto an, vergleichbar mit einer Konzernführung. Mit dem Werkausbau in Ludwigsfelde wurde in Brandenburg/Havel das Traktorenwerk zu einem Getriebewerk umgebaut und in Nordhausen/Harz das Traktorenwerk zu einem Motorenwerk; beide mit eigener Entwicklungsabteilung; von dort kamen also Getriebe und Motor. Rahmen, Fahrerhaus, Achsen und Pritsche fertigte AWL. Elektrische Ausstattungen, Räder, Reifen, Glas, Normteile wurden aus Betrieben der DDR und ČSSR geliefert. Spezielle Aufbauten (Möbelkoffer, Kühlkoffer, Feuerwehr usw.) kamen aus spezialisierten Aufbautenbetrieben. Mit der in der DDR geänderten Wirtschaftsstruktur zu Kombinatsbildungen 1978 bekam Ludwigsfelde die Leitfunktion und war damit für zahlreiche Zulieferer zuständig.

17. Der W 50 wurden in unzähligen Varianten bis hin zu Sattelzugmaschinen produziert. Wann wurde der Ruf nach einem 6- Zylinder- Motor immer lauter?
Der im Zwickauer IFA H3A verwendete »Einheitsmotor« hatte ursprünglich 90 PS. Beim Einsatz im W50 wurde er, erst aus Zwickau, dann aus Nordhausen, mit 110 PS angeliefert. Ab 1967 lieferte Nordhausen den dort weiterentwickelten Motor mit 125 PS. Dieser wurde auch im Traktor ZT 300 und im Mähdrescher E 512 verwendet. Alle Anwender hätten gerne mehr Leistung zur Verfügung gehabt. Geplant und bereits in Entwicklung war ein 150-PS-6-Zylinder-Motor für 1971/72 in Nordhausen. Doch es dauerte bis 1987, ehe ein, in mehreren nicht serienwirksamen Etappen entwickelter, 6-Zylinder-Motor mit 180 PS für den W50-Nachfolger IFA L60 zur Verfügung stand.

18. Der 1986 folgende IFA L 60 ist vielen noch vom Straßenbild der DDR bekannt. Gab es in der Entwicklung dahin nur dieses dann gebaute Fahrzeug oder wurde selbiges aus mehreren Varianten bzw. Versuchsmustern favorisiert?
Bereits 1964, also vor Serienbeginn des W50, entstand in Ludwigsfelde eine Entwicklungsabteilung mit Konstruktion und Versuch. Es wurde neben der konstruktiven Anpassung des W50 an einem Nachfolgefahrzeug entwickelt. Dieses sollte, mit 6-Zylinder-Motor und 150 PS, den W50 1971/72 ablösen. Im Dezember 1966 standen zwei Prototypen für Fahrversuche zur Verfügung. Die Entwicklung wurde beendet, weil keine Investitionsmittel zur Verfügung standen. In Etappen entstanden neue Fahrerhäuser für den W50, auch kippbar, um dann einen L60 mit 180 PS und neuer Kippkabine ab 1980/81 serienreif zur Verfügung zu haben. Doch für die benötigte Kabinenfertigung fehlten die

Investitionsmittel. Die Serieneinführung erfolgte nicht.

19. Die nie in Serie gebauten Typen F 225 und F 515 wurden nach 1990 als verschlissene Fahrzeuge wieder entdeckt und später restauriert. Was musste neu aufgebaut bzw. nachgebaut werden und was war im Wesentlichen wieder verwendbar?

Der IFA L60 F 225 (F = Funktionsfahrzeug) war das Fahrzeug für Vorstellungen und Werbung der Generation L60, als Serie geplant ab 1980. der F 515 eines der Fahrzeuge von den 150-PS-Nachfolgern, geplant als Serie ab 1971. Mitarbeiter aus dem Versuch mit Herzblut sammelten diese beiden und weitere Objekte, in der Hoffnung auf ein Werksmuseum. Diese Objekte kamen in angemietete Scheunen. 1990 wurden diese Scheunen aufgelöst und an einen Schrotthändler veräußert. Der F 225 landete auf unbekannten Wegen in Kasachstan und wurde 2007 durch Information von Oldtimerfreunden auf einem Automarkt in St. Petersburg/Russland entdeckt. Heimgeholt durch den Verein Freunde der Industriegeschichte Ludwigsfelde e. V. erfolgte dann in 4000 Arbeitsstunden die Komplettrestaurierung. Das Fahrzeug wurde komplett zerlegt, Schäden durch Verschleiß und Korrosion beseitigt, lackiert und steht nun im Stadt- und Technikmuseum Ludwigsfelde.
PS: Einige unserer Mitglieder hatten dieses Fahrzeug 1978 im Musterbau bereits gefertigt!

Wieder aufgebauter Lastwagen L60 aus Ludwigsfelde

20. Es wurde probiert, den IFA L 60 mit einem Fahrerhaus von Lkw Volvo (Schweden) auszustatten. Welchen wirtschaftlichen Sinn hätte das gemacht, war es nicht möglich, ein optisch schickes und modern ausgestattetes Fahrerhaus selbst zu entwickeln, wenn doch Fahrwerk, Motor, Getriebe und Universalaufbauten in der DDR selbst gefertigt wurden?

Die Zusammenarbeit mit Volvo hatte wirtschaftliche Gründe. Volvo sollte eine Fahrerhausfabrik in Ludwigsfelde bauen, die Investitionen sollten dann durch Lieferung von Rohbaufahrerhäusern an Volvo abgegolten werden. Der Vertrag war unterschriftsreif, als Volvo einen Tag vor Unterzeichnung aus bis heute unbekannten Gründen den Preis auf 300 % anhob. Die DDR unterzeichnete nicht. Bis dahin sind die von Volvo entwickelten Fahrerhäuser im AWL und bei Volvo erprobt und auch den Belastungen bei Allradfahrzeugen (wichtig für IFA) angepasst worden.

Gerhard Bedrich
geb. 6.1.1939
Kfz-Meister

Gerhard Bedrich (1970)

Tätigkeit in der DDR: Leiter der Sportwerkstatt des ADMV in Leipzig 1986–1975
Tätigkeit heute: Rentner

1. In welchem Alter wusstest du, dass Fahrzeuge im beruflichen Leben eine Rolle spielen werden?
Nach meiner Lehre arbeitete ich 16 bis 17 Jahre in einer Firma, die Autos und Motorräder instand setzte. In dieser Firma war auch Manfred Stein beschäftigt, der Mitglied der DDR-Silber-Vasen- Mannschaft war und später erfolgreicher Motocross-Sportler wurde. Das waren meine ersten Kontakte zum Motorsport.

2. Hatten es dir als junger Mann zu erst Motorräder, Pkw oder allgemein Fahrzeuge angetan?
Es war ein Moped von Fichtel & Sachs.

3. Regulär versucht man in einer Kfz-Werkstatt Geld zu verdienen, indem man Fahrzeuge repariert oder deren Motore instand setzt. Hast du bereits in jungen Jahren geliebäugelt, »... Daraus könnte man mehr machen ... Frisieren muss sein«?
Nein – man lernt erst einmal, warum sich ein Motor dreht und welche Komponenten die Leistung beeinflussen. Ich habe es für wichtig empfunden, alles über ein Fahrzeug zu wissen, zu kennen und was zu tun ist, wenn etwas nicht funktioniert.

4. Wann bist du auf die Idee gekommen, in der Sportwerkstatt des ADMV in Leipzig »dein Brot zu verdienen«?
Die Kfz-Werkstatt des MC Leipzig wurde als ein gemeinnütziges Unternehmen gegründet. Ihre Aufgabe bestand darin, den Mitgliedern des MC Leipzig eine fachgerechte Reparatur- und Wartungsleistung an ihren Fahrzeugen anzubieten. Meine Tätigkeit als Kfz-Meister und Leiter dieser Werkstatt startete 1968. Im gleichen Zeitabschnitt erfolgte die Anbindung an den DTSB als Rechtsträger.

5. Oft mussten in dieser Sportwerkstatt Baugruppen und Teile für den sportlichen Einsatz hergerichtet werden. Was konntest du dir mit deinem handwerklichen Geschick selbst vornehmen und was musste grundsätzlich »außer Haus« gegeben werden?
Die neue Aufgabenstellung bestand darin, Zubehör und leistungssteigernde Aggregate für den Motorsport anzufertigen, zu entwickeln und dem aktiven Motorsport zur Verfügung zu stellen. Das wollten wir im Team selbst erledigen; je mehr Aufgaben wir dann hatten, umso öfter mussten wir uns dann auch Partner »ins Boot« holen.

6. Um Gussteile selbst zu produzieren, waren Formen anzufertigen. Wer hat das gemacht und wurde dann die Firma Metallguss (MEGU) in Leipzig beauftragt?
Hier waren viele Köpfe gefragt. Einer der aktivsten war Siegfried Leutert. Er kam aus dem »Altbestand« des MC Leipzig und war vom ersten Tag der Gründung dabei. Er war selbst ein aktiver Autorennfahrer, kannte Sport und Technik »in und auswendig« und hatte den Beruf des Modellbauer erlernt.

7. War es den Kollegen der Werkstatt und dir egal, ob ein Trabant, Wartburg, Lada oder Škoda für den Sport umgebaut werden sollte, oder hattet ihr »Lieblingsfahrzeuge«?
Es ging um die Aufgabenstellung, die Fahrzeuge zu kennen, zu reparieren oder zu frisieren. Das Modell selbst war unwichtig, d. h., wir konnten uns mit jedem Modell beschäftigen.

8. Konnten Motore auf einem Prüfstand hinsichtlich Abstimmung, Leistung, Drehzahl und Drehmoment getestet werden?
Es gab eine gute Zusammenarbeit zwischen der Firma VEB Blechverformung Leipzig und der ADMV-Werkstatt. Auch eine Nutzung des Bremsenprüfstandes wurde uns ermöglicht. Somit konnten wir Leistung und Abstimmung unserer Produkte dokumentieren.

9. In der DDR war es nicht einfach, Kfz-Ersatzteile zu bekommen, noch schwieriger war es in der Versorgung für den Motorsport. Kannst du dich erinnern, was problemlos funktionierte, was nur unter größten Schwierigkeiten oder nur »mit Beziehung« zu beschaffen war?
Mit der Übernahme durch den DTSB und den neuen Aufgabenstellungen bekamen wir Zugang zu den Sonderkontingenten für Ersatzteile der Fahrzeuge Wartburg und Trabant. Problemlos funktionierte alles, was privat gemanagt werden konnte; alle anderen Wege waren oft mit bürokratischem Aufwand verbunden.

10. Du bist selbst ein begnadeter Techniker und Tuner. Was hast dir am meisten gelegen oder viel Freude bereitet?
Unter der Leitung des ADMV wurde ein Musterbau ins Leben gerufen, welcher in kollektiver Arbeit erfolgte. Das hat mir persönlich auch Freude bereitet.

11. Wenn Teile kaputt gingen oder verschlissen waren, wie konntest du meistens helfen oder auf was war besonders zu achten?
Wir haben auf alles geachtet und hatten eigentlich vor keiner Arbeit »Angst«. Und es gab sogar für die Motorsportfahrzeuge eine Art Langzeitgarantie.

12. Hattest du oft Originalfahrzeuge als Vorbild oder hast du dich an Fotos und bzw. Fachbüchern orientiert und dann nach- bzw. umgebaut?
Alle Fahrzeuge, die im Motorsport eingesetzt wurden, waren Einzelanfertigungen und mussten den homologierten Bestimmungen der FIA entsprechen. Deshalb mussten wir nicht nur bauen oder reparieren, sondern immer auf die geltenden Bestimmungen achten. Wenn nicht, hätte der Sportler bei einer technischen Kontrolle den »Kürzeren« gezogen.

13. Du bist erfolgreich Rallye gefahren, warst in der Gruppe 2 (heute gleichzusetzen mit Gruppe B) mehrmals DDR-Meister. Hast du den Rallyewagen selbst aufgebaut oder gemeinsam mit einem Team?
Den Umbau meines eigenen Rallyefahrzeuges habe ich selbst entworfen, ausgeführt und finanziert.

14. Was war für dich als Fachmann trotzdem am aufwendigsten bei der Umrüstung bzw. Umbau eines solchen Fahrzeuges?
Leistungssteigernde Techniken/Bauteile mussten entworfen, gebaut und danach auf Zuverlässigkeit sowie Haltbarkeit erst getestet und anschließend erprobt werden. Danach war die dauerhafte Nutzung möglich, ich konnte meine Erfahrungen dann auch weitergeben.

15. Als du dann Motorbootrennen gefahren bist, hat dich die neue Sportart gereizt oder mehr die hoch drehenden Motoren 250 cm^3 (Klasse OA)?
Der Rennbootsport hat mich sehr gereizt. Hinzu kam, dass es beim Motorbootsport viele Komponenten gibt, die ein Boot schneller machen können. Bootskörperform, Gewicht, Leistung und Drehmoment

Gerhard Bedrich bei einer Rallye im getunten Lada

des Motors bis hin zur Form der Propellerschaufeln. Es ist wie beim Segeln, nur, wenn alle Faktoren 100 Prozent abgestimmt sind, »läuft« der Kahn.

16. Gibt es aus »deiner Hand« und damit deiner Werkstatt selbst gefertigte technische Raffinessen, die reiner Eigenbau sind und vielleicht auch kein anderer hatte?
Im Motorsport war ich mit sehr viel getunten Einzelanfertigungen beschäftigt, dazu gehörten Rahmen und Fahrwerke, Getriebe und Übersetzungen, Motore und die Auspuffanlagen oder Sicherheitsausstattungen. Alles musste getestet sowie erprobt und dann der Fertigung in der Kleinserie übertragen werden. Viele Sportler waren mit meiner Arbeit zufrieden.

17. Was hast du versucht, selbst zu bauen, das dann nicht gelungen ist oder zu aufwendig war oder nicht funktioniert hat und dann verworfen wurde?
An der Fahrwerksarbeit habe ich mir oft den Kopf zerbrochen; da gab es häufig Rückschläge.

18. Oft gab es in der DDR solche Situationen wie: »... Fertige für mich das und das, als Gegenleistung bekommst du dafür das oder das geliefert.« War das auch für dich wichtig, hat das weiter geholfen?
Sicher war es damals so. Vieles war zu dieser Zeit in privater Hand und es kam privat zu diesen »Tauschgeschäften«. Aber in der Firma brauchten wir hauptsächlich ordentliche und stabile Grundlagen.

19. Heute kann fast alles gekauft werden: Serienteile, Tuningsätze, ganze Sportfahrzeuge. Die Sportler beherrschen zwar die Fahrzeuge, können aber oft mit der Technik wenig anfangen. In deiner Zeit kanntest du jede Schraube, jedes Motorgeräusch konntest du deuten. War das zu stressig, zu aufwendig?
Die Zeit, verbunden mit Erfolgen, war schön, das Angenehme überwiegt. Ich und andere mussten auch Rückschläge verkraften. Wenn dann kein Helfer da war oder dir die Zeit im Nacken saß, war das stressig, wir kamen zusätzlich »ins Schwitzen«. Dass man sein Fahrzeug »in und auswendig« kennt, war und bleibt von Vorteil. Und Bescheid zu wissen, kann niemals schaden.

20. Was hättest du gern technisch entwickelt oder an der Entwicklung mitgewirkt, was aber aus unterschiedlichen Gründen nicht möglich war?
Mein persönliches Bestreben wäre es gewesen, mehr Leistung aus den Zweitaktmotoren zu holen.

Karl-Clauss Dietel
10.10.1934–
2.1.2022
Maschinen-
schlosser, Kfz-
Ingenieur,
Formgestalter

Tätigkeit in der DDR: Selbstständiger Formgestalter

Tätigkeit danach: Rentner, freischaffender Formgestalter in Chemnitz

1. Welchen Beruf haben Sie in der DDR gelernt, oder waren es sogar mehrere?
Ich erlernte den Beruf des Maschinenschlossers; an der Hochschule in Zwickau qualifizierte ich mich zum Kfz-Ingenieur. Danach wurde ich Diplom-Formgestalter.

2. In Berlin-Weißensee gab es in der DDR die Kunsthochschule, in Halle/S. auf der Burg Giebichenstein wurde gelehrt. Wo haben Sie sich Ihr Grundwissen angeeignet?
Ich habe an der Berliner Hochschule Formgestaltung studiert. Auch heute bilden beide Einrichtungen noch diplomierte Formgestalter aus.

3. Ihr Freund und Kollege war Lutz Rudolph. Haben Sie sich beim Studium kennen gelernt und wollten dann »gemeinsame Wege« gehen, oder wie sind Sie zusammengekommen?
Seit dem letzten Studienjahr bin ich mit Herrn Rudolph »verbunden«, er ist damit seit Jahrzehnten mein Freund; bei den meisten beruflichen Arbeiten war er mein Partner.

4. Haben Sie sich von Beginn an für das »Aussehen« von Fahrzeugen interessiert?

Das Simson S50 – Nachfolgemuster, hier ein Prototyp

Rechts: Bevor ein Moped gebaut wird, schlagen Formgestalter vor, wie das Fahrzeug aussehen könnte. Hier die Zeichnung von Formgestalter Clauss Dietel

Ich bin in einer dem Automobil verbundenen Familie aufgewachsen; mein Vater betrieb vor dem Zweiten Weltkrieg eine Autovermietung.

5. Hatten es Ihnen mehr die Zweiradfahrzeuge oder die Personenwagen angetan?
Ich habe mich für das Aussehen, d. h. die Gestaltung von Fahrrädern, Zweiradfahrzeugen, Personen- und Lastkraftwagen interessiert.

6. Wie groß war Ihr Team und wie sahen die Arbeitsräume aus? Hallen mit viel Oberlicht und großen Reißbrettern, Zeichentischen und Werkstatträumen, wo auch mal geschweißt oder gebohrt werden musste?
Ich hatte nie ein Team. Nach 18 Monaten Arbeit im Entwicklungszentrum Karl-Marx-Stadt (heute Chemnitz) begann ich meine selbstständige Laufbahn. Je nach Auftragsinhalt holte ich Partner »an Bord«. Mein Arbeitsraum, also mein Atelier, war zu Beginn ein ehemaliger Blumenladen, danach folgte ein ausgebauter Pferdestall. Ich arbeitete am Reißbrett, meine Modelle waren gegenüber dem späteren Original im Maßstab 1:5. Ein 75 cm langes und 40 cm hohes Modell entsprach in Wirklichkeit 3,75 m Länge und 2,0 m Höhe, damit der Leser eine Vorstellung hat.

7. Im Vergleich mit den Fahrzeugprodukten der »alten BRD« war die DDR nur zweiter Sieger. Wenn man allerdings jetzt aneinander reiht und sich vor Augen führt, was alles in der Fahrzeugproduktion umgesetzt wurde: Lkw in Werdau, Ludwigsfelde und Zittau; Motorräder in Zschopau und Suhl, anfangs noch in Eisenach; Motorroller in Ludwigsfelde; Pkw in Eisenach und Zwickau, Kleinbusse bzw. Transporter in Karl-Marx-Stadt, Landmaschinen in Bischofswerda; der Multicar in Waltershausen oder Traktoren in Schönebeck. Das ist dann doch ganz schön umfangreich. Welche Betriebe wünschten sich die Formgestaltung von Ihnen bzw. vom Kollektiv Dietel/Rudolph?
Ich nenne hier einige Beispiele. Von 1964 bis 1968 arbeiteten wir am Trabant P 603,

der hatte ein ähnliches Aussehen wie der spätere Golf; der Golf erschien aber zehn Jahre später. Wir gestalteten die Urform des Wartburg 353, der in Eisenach dann hergestellt wurde. Wir entwarfen Gestaltungsmuster für Lkw in Ludwigsfelde, Simson-Mopeds in Suhl und auch Motorräder in Zschopau. Die AUTO UNION war bis 1946 der größte deutsche Fahrzeugkonzern, der Automobilbau hatte eine riesige Tradition, aber lag in Trümmern. Wir nahmen die Aufgabenstellungen der neuen Betriebe entgegen und versuchten, Lösungen zu präsentieren; oft war streitbarer Diskurs notwendig. Wenn man bedenkt, dass wir allein für den Nachfolger des Zwickauer Trabants sieben Typen im Atelier erschufen, die allesamt nicht gebaut wurden, ist zu sehen, welche Lücke zwischen unserer Idee und wirklicher Nichtproduktion klaffte. Der Begriff Enttäuschung ist hier sicherlich angebracht.

8. Sie mussten vorausschauend und modern denken, die Formgebung sollte sicherlich auch innovativen Anspruch haben und musste dem Zweck folgen. Was war hier, also um den »gemeinsamen Nenner« zu finden, am aufwendigsten in Ihrer Arbeit?

Die Gestaltung im Grundsatz zielt auf lange Zeiträume ab; Styling ist hingegen auf Kurzlebigkeit orientiert und folgt damit dem Wegwerfprinzip. Unser Kampf bestand darin, sich gegen kurzlebige, modische Tendenzen zur wehren, sich aber trotzdem keiner unmodernen Gestaltung hinzugeben.

9. Wenn Sie erste Skizzen für ein neues Produkt fertig hatten, folgte dann der Anschauung wegen ein räumliches Modell aus Holz, Gips oder Knetmasse? Oder wurde ein Modell erst gefertigt, wenn die Skizze frei gegeben war?

Unsere Modelle wurden, wie schon beschrieben, im Maßstab 1:5, manchmal auch kleiner im Maßstab 1:10, aus Plastiline angefertigt, davor auch aus Gips. Wenn wir Modelle in Originalgröße, also Maßstab 1:1, fertigten, verwendeten wir Holz, Gips und Pur-Schaum. Grundlage der Modelle waren Skizzen und Zeichnungen.

10. Für Modellarbeiten waren sicherlich verschiedene Gewerke notwendig. Was waren die wichtigsten Berufe bzw. Mitarbeiterkenntnisse?

So fängt es an: Skizze des Wartburg-Cabrio

Links: Von Dietel/Rudolph gefertigte Modelle P 501 mit Vollheck als 3-Türer und ein optisch gestylter Wartburg

Für diese Arbeiten beschäftigten wir Handwerker, die ihren Beruf in der Arbeit mit Metall, Holz oder Plastiline exzellent verstanden.

11. Wenn Ihre Vorstellungen (oder die des Kollektivs) nicht vom Produzenten, also zum Beispiel des Fahrzeugherstellers, anerkannt wurden, wer hatte dann das »letzte Wort« oder gab es immer einen Kompromiss auf Augenhöhe?
Es gab vom Auftraggeber (Fahrzeughersteller) die Vorgabe, danach haben wir gehandelt, und wenn man so will, den Auftrag erfüllt. Korrekturwünsche folgten dann seitens der VVB, Kombinatsleitung oder des zuständigen Ministeriums. Also nicht als Vorgabe im Voraus, sondern im Nachgang. Der spätere Fortgang, also »… wird produziert oder nicht …«, war nicht Bestandteil einer Aufgabenstellung.

12. War mit der fertigen Formgestaltung der Auftrag erledigt, oder waren Sie (das Kollektiv) auch beteiligt, wenn die ersten echten Versuchsmuster gefertigt bzw. dann vorgeführt wurden?
Unsere Aufgabenstellung in der Produktgestaltung reichte vom Entwurf, von der Modellfertigung, der Entwicklung, dem Versuchsmusterbau bis zur Serienfertigung. Diesen gesamten Weg betreuten wir.

13. Ging es bei der Formgestaltung hauptsächlich um Sicherung der Funktionalität und um modernes Aussehen oder auch um einen geringen Luftwiderstandsbeiwert, spielten Sicherheitsaspekte und Reparaturfreundlichkeit eine Rolle?
Die ordentliche Produktgestaltung subsumiert hauptsächlich alle funktionalen, ergonomischen und technologischen Forderungen. Hinzu kam mein persönlicher Anspruch an ein gestalterisch-künstlerisch ansprechendes Aussehen. Ebenso durch meine Kfz-Kenntnisse auch die aerodynamische Formgebung und die notwendigen Sicherheitsaspekte, die für die spätere Anwendung wichtig sind. Das sogenannte Styling habe ich meistens ignoriert.

14. Wenn die Formgestaltung für ein Produkt anerkannt wurde, gab es trotzdem Aspekte oder Hinderungen »das wird zu teuer …, dafür haben wir keine Formen, keine Rohstoffe, keine Kapazitäten in der Herstellung?«
Es gab bei der Pkw-Entwicklung Entscheidungen für den Abbruch, die wirtschaftlich begründet waren, oft aber auch subjektiv. Auch politische Gründe gehörten dazu – etwa im August 1968 der »Prager Frühling«, ein Ereignis, das zur Einstellung des Projekts P 603 (dazu gehörte die Motorisierung mit einem 4-Takt-Motor) zwischen der DDR und der ČSSR führte. Die DDR-Kapazitäten für den Pkw-Bau wurden in den späteren Jahren immer geringer, die Entwicklung ist bekannt. Bei den Zweiradherstellern in Zschopau und Suhl war dagegen der Fortschritt an Modernität weiterhin gegeben.

15. Haben Sie (das Kollektiv) nur für die Industrie in der DDR gearbeitet, oder gab es auch Aufträge aus den RGW-Ländern oder westlichem Ausland?
Bis 1990 arbeitete ich nur für Auftraggeber aus der DDR; danach auch für Betriebe in Tschechien und der Slowakei, ebenso für Porsche und VW.

16. Wenn es einen Engpass an Material für den Modellbau gab, konnten Sie sich dank der innewohnenden Kreativität immer selber helfen oder mussten Sie manchmal Forderungen stellen: »… wenn wir das nicht bekommen, können wir nicht weiter arbeiten …«?

Modell Wartburg-Coupe des bekannten Formgestalters Clauss Dietel; später entstand daraus der W 355.

Materialengpässe im Modellbau kannten wir nicht.

17. Sind Dinge in Erinnerung geblieben, an denen Sie (des Kollektiv) manches Mal verzweifelt sind?
Dass von den sieben Trabant-Nachfolgevarianten keiner in Serie gebaut wurde, war ärgerlich und für unseren kreativen Anspruch auch eine frustrierende Tatsache. Als dann 1984 entschieden wurde, die VW-Motore werden in den Wartburg 353, in den Trabant P 601 und in den Barkas B 1000 eingebaut, ohne die Karosserie im äußeren Erscheinungsbild wesentlich zu verändern, war unsere jahrzehntelange Arbeit hinfällig geworden. Wir beendeten die Zusammenarbeit.

18. Was hätten Sie gern noch getan oder vollendet, konnten es aber aus unterschiedlichen Gründen nicht tun?
Meine Arbeiten als Gestalter für Auftraggeber aus der DDR endeten 1989/90. In den Jahren danach war ich gestalterisch nicht untätig, jedoch Unerledigtes kann ich nicht nennen, es wäre fiktiv.

19. Sie vertreten die Meinung, »... das Wegwerfen von Produkten vor dem Nutzungsende ist grotesk ...« Heute, wo es Menschen gibt, die hinsichtlich der Erschöpfbarkeit unserer Ressourcen deutlich die Grenzen aufzeigen, trifft Ihre Meinung sicherlich auf große Zustimmung. Ebenso, weil damit auch weltweit ein Beitrag zur Nachhaltigkeit gegeben ist. Unternehmen, die »auf Teufel komm raus« produzieren und verkaufen wollen, werden einen großen Bogen um eine solche Meinung machen oder versuchen, diese sogar zu widerlegen. Würde Sie das stören oder haben hätten Sie eine passende Antwort parat – wir haben nur eine Welt?
Wegwerfkonzepte werden sich angesichts global begrenzter Ressourchen von selbst erledigen.

20. Sie erhielten 2014 die Ehrung mit dem »Bundesdesignerpreis«. Wurde damit Ihre Lebensleistung in der kreativen Produktgestaltung über Jahrzehnte anerkannt, oder hatte man festgestellt, dass Ihr Wissen und Können auch im vereinten Deutschland gut zu gebrauchen war?
Die Urkunde dazu benennt das »Lebenswerk«.

Klaus Driefert
geb. 10.2.1938
Kfz-Meister

Tätigkeit in der DDR: Kfz-Mechaniker, Triebwerksmechaniker
Tätigkeit heute: Rentner

1. In welchem Jahr haben Sie den Beruf des Kfz-Mechanikers erlernt?
Ich habe von 1953–1956 gelernt und meine Berufsausbildung erfolgreich abgeschlossen.

2. Ich welchem Betrieb haben Sie gelernt und dann später im Beruf gearbeitet?
Zu Beginn in einer Kfz-Werkstatt in Luckenwalde; speziell war ich mit der Vergasereinstellung zum Beispiel an den Motorrädern Jawa (ČSSR), Pannonia (Ungarn) und MZ (DDR) beschäftigt; auch an Sonderfahrzeugen habe ich gearbeitet.

3. Im Industriewerk Ludwigsfelde wurden Motorroller, kurze Zeit Triebwerke, dann geländegängige Kübelwagen gebaut, bis es ab Mitte der 1960er-Jahre zur Lkw-Produktion kam. Haben Sie hier bereits mitgewirkt?
Ich habe bis Anfang der 1960er-Jahre am Triebwerk TL 014 für das in Dresden gebaute Flugzeug mitgewirkt. So gehörte zu meinen Aufgaben das Auswuchten der hoch drehenden Verdichter – wir schafften damals eine Unwucht von 1/1000 mm. Die Arbeiten am Triebwerk mit zwei Verdichter- und 12 Verbrennerstufen waren nicht nur interessant, sondern von höchstem technischen Anspruch und fortschrittlich.

4. Anfang der 1950er-Jahre war der Plan, Außenbordmotore für Sportboote in Ludwigsfelde herzustellen und dann folgte das Projekt »Rennmotor RM 175 Delphin«. Waren Sie daran beteiligt?
Nein.

5. Ab wann und bis in welches Jahr sind Rennbootmotore in Ludwigsfelde hergestellt worden?
Bis 1965, die Vermarktung erfolgte damals in den sozialistischen Ländern, bis China.

6. Die Rennmotore waren international erfolgreich. Hätte die Möglichkeit bestanden, diese auch international zu vermarkten?
Ja, das wäre möglich gewesen. Ich war damals verantwortlich für die technische Einstellung und praktische Erprobung im Wasser.

7. Sie haben solche Motore selbst weiter entwickelt und auch frisiert. Was stammt in diesem Bereich aus der »eigenen Hand«?
Die Entwicklung fand gemeinsam im ILTIS-Team zwischen 1966 und 1968 statt. Der Rennmotor hatte zwei Zylinder und Drehschiebereinlass.

8. Um Gussteile für den Zylinder, das Motorengehäuse oder das Unterwasserteil zu produzieren, waren Formen anzufertigen. Wer hat das gemacht und dann auch später bearbeitet?
Im IWL hatten wir für den Formbau einen speziellen Modelltischler. Gegossen wurden die Teile bei der Firma Beer in Luckenwalde. Nicht weit davon entfernt arbeitete übrigens der begnadete Techniker und

Spezialist Daniel Zimmermann, der mit seinem Drehschiebereinlass später »berühmt« wurde.

9. Hatten Sie für den Probelauf einen Prüfstand, um Leistung, Drehzahl und Drehmoment wie »im Labor« vorher zu probieren und Veränderungen vorzunehmen, oder ging das nur praktisch mit dem Boot im Wasser?
Wir hatten für den Motor einen Prüfstand mit Wasserwirbelbremse. Wenn das »durch war«, ging der Motor ans Boot, der Propeller wurde montiert und dann fahrpraktisch mit dem Boot als Gesamteinheit auf dem Wasser probiert.

10. In der DDR war es nicht einfach, Kfz-Ersatzteile zu bekommen, noch schwieriger war es in der Versorgung für den Motorsport. Half es in dieser Beziehung, in einem solch großen Werk zu arbeiten und die technischen Einrichtungen nutzen zu können?
Ja, das war sehr hilfreich und von großem Vorteil.

11. Wie viele Personen gehörten zu Ihrem Rennteam, gab es Spezialisten für den Bootskörper, den Motor, die Zündung, den Propeller …?
Das Team bestand aus fünf Personen, bis 1974 hielten sie mir die Treue. Nach den internationalen Einschränkungen im Motorsport verkleinerte sich das Team; ich selbst war bis 1988 aktiv.

12. Gibt es aus »Ihrer Hand« selbst gefertigte technische Raffinessen, die tatsächlich als Eigenbau zu bezeichnen sind?
Ich habe einen 3-Zylinder-Motor im Baukastensystem entwickelt, je nach Zylinderverwendung hatte der Motor 250 cm³ (Klasse OA) oder 350 cm³ (Klasse OB). Die Motore hatten drei Drehschieber und drei Vergaser. Ich habe später sogar die Propeller in den verschiedensten Ausführungen selbst gebaut, nachdem die Rohlinge zuvor in Luckenwalde gegossen wurden.

13. Gab es in den 1960er- bis 1980er-Jahren auch solche Situationen: »Fertige für uns das und das, als Gegenleistung bekommst du dafür das oder das geliefert?« Um welche Teile ging es dabei meistens?
Nein, weder das Team noch ich waren in diesem Sinne auf andere angewiesen. Durch meine rennsportlichen Erfolge gab mir der Betrieb die Unterstützung und half, wo er konnte.

14. Was haben Sie versucht, selbst zu bauen, was dann jedoch nicht gelungen ist oder zu aufwendig war oder nicht funktioniert hat und dann verworfen wurde?
Ich hatte bei der Fertigung und dann des Benutzens des 3-Zylinder-Motors Drehschwingungsprobleme. Die führten dazu, dass sich Anbauteile am Motor lösten. Ich musste dann viel experimentieren, um den Auswuchtungsgrad für Drehzahlen zwischen 10 000 und 13 000 U/Min. hinzubekommen. Verworfen habe ich nur das, was nicht funktionierte.

15. An welcher technischen Entwicklung hätten Sie gern mitgewirkt, es aber aus unterschiedlichen Gründen nicht tun können?
Ich hätte gern einen membrangesteuerten Motor probiert; statt des Drehschiebers hätte eine Membran zwischen Vergaser und Zylinder den Kraftstoffeinlass gesteuert. Da es zusätzlich eine exakte Abstimmung der Auspuffform (Länge, Durchmesser, Gestaltung, Form) gegeben hätte, wäre dabei sicher ein leistungsstarkes Aggregat herausgekommen.

Klaus Driefert als aktiver Rennfahrer Ende der 1970er-Jahre

Konrad v. Freyberg
geb. 10.4.1933
Kfz-Handwerker, Diplomingenieur

Tätigkeit in der DDR: Leiter Motorenkonstruktion im VEB Automobilwerk Eisenach
Tätigkeit heute: Rentner, ehrenamtlicher Leiter Kuratorium Automobilmuseum Eisenach

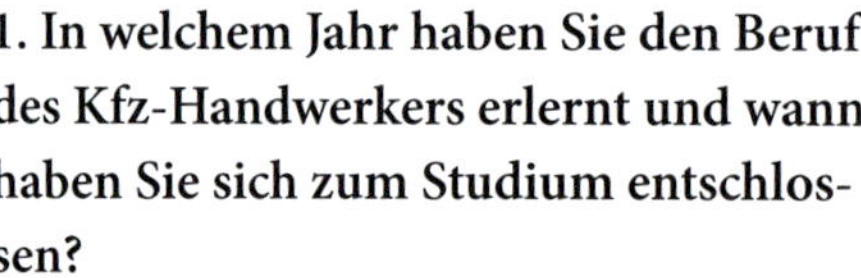

1. In welchem Jahr haben Sie den Beruf des Kfz-Handwerkers erlernt und wann haben Sie sich zum Studium entschlossen?
Meine Facharbeiterprüfung legte ich ab am 31.08.1953. Bereits vor dem Abitur (1951) war ein Studium beschlossene Sache. Jedoch wollte ich, einem Rat meiner Eltern folgend, vorher einen praktischen Beruf erlernen, nach Möglichkeit passend zur späteren Studienrichtung.

2. Ich welchem Betrieb begann Ihre Berufstätigkeit?
Meine Zeit als Lehrling verbrachte ich in der Autoreparaturwerkstatt Leonhard Greifzu in Suhl von 1951 bis 1953. Meine spätere Berufstätigkeit begann im Oktober 1959 im VEB Automobilwerk Eisenach, wo ich bis zur Werksschließung im Jahre 1991 arbeitete. Danach wechselte ich zur Firma Eckard -Design, heute EDAG, mit Stammsitz in Fulda.
Seit 1996 bin ich Rentner.

3. In Eisenach wurden bis Anfang der 1950er-Jahre das Motorrad BMW R 35 oder die Pkw BMW 321, 327, 340 und 343 gebaut. Bestand in der Mitwirkung an diesen Fahrzeugen das besondere Interesse?
Zur Präzisierung: Das Motorrad BMW R 35, ab 1952 EMW R 35, die Pkw BMW 321, der BMW/EMW 327 und der BMW/EMW 340 (343 war nur Prototyp) wurden vor meiner Zeit bei AWE produziert, weshalb ich mit diesen Typen keine berufliche Berührung mehr hatte.

4. Ein heute gefragter Oldtimer ist der EMW 327 mit einem 6-Zylindermotor, parallel dazu wurde der IFA F9 mit drei Zylindern gebaut. Waren Sie an diesen Fahrzeugen beteiligt?
Der EMW 327 war eine BMW-Vorkriegsentwicklung und wurde in Eisenach bis 1955 gebaut. Das Fahrzeug IFA F9 war ebenfalls eine Vorkriegsschöpfung, in diesem Fall der Auto-Union in Chemnitz, die aber erst 1949 im Automobilwerk Zwickau in Serie ging, bevor die Produktion 1953 nach Eisenach verlagert wurde, wo er bis 1956 produziert wurde. In dieser Zeit habe ich noch studiert.

5. Wo wurden die Motore für die Serienfahrzeuge (EMW, später Wartburg) entwickelt?
Der EMW 340-Motor ist abgeleitet von der BMW-Vorkriegsentwicklung BMW 326. Wichtigste Änderung in seiner Eisenacher Zeit war die Ausrüstung mit einer neuen Ansauganlage, d. h. 2-Solex- bzw. BVF-

Arbeitsplatz der Konstrukteure in den 1960er-Jahren in Eisenach

Kurbelwelle aus einem Stück, gefertigt bei AWE – es ist eine Meisterleistung.

Fallstromvergasern und zugehörigem Ansauggeräuschdämpfer. Die Wartburg-Motoren sind in Schritten Weiterentwicklungen des F9-Motors, die sämtlich bei AWE stattfanden.

6. Von 1956 bis 1961 wurde der Wartburg 311, bis 1967 der Typ 312, dann der 353 und bis 1989 der 353 W gebaut. In welchem Aufgabenbereich haben Sie mitgewirkt?

Zur Präzisierung der Produktionszeiten: Wartburg 311 1956–1964, Wartburg 312 1965, Wartburg 353 1966–1975, danach Wartburg 353 W bis 1988, dann Wartburg 1.3. bis 10.4.1991. Das war dann das Ende des Automobilwerks Eisenach. Mitgewirkt habe ich an allen aufgeführten Typen.

7. Es gab Fahrzeugentwicklungen wie den Typ W 113-2/Sport, den P 100 oder 353/Prototyp mit einem 1.400-cm³-Motor. Diese Prototypen konnten auch gefahren werden, jedoch kam es nie zur Serienproduktion, da es seitens der Regierung kein O. K. gab. Welches Fahrzeug hätte aus Ihrer Sicht in den 1970er-

3-Zylinder-4-Takt-Motor, eine Eigenentwicklungen aus Eisenach. Der Motor wäre universal einsetzbar gewesen.

Wartburg 355 in der Ausführung als Coupé, es blieb bei sechs Prototypen im Jahr 1968. Die Karosserie bestand aus Glasfaser-Polyester.

oder 1980er-Jahren die besten Chancen auf dem Markt gehabt?

Die Sportwagen mit der Bezeichnung 313/2 erwiesen sich mit ihrem Unterflur-Triebsatz als wenig praxistauglich, ebenso der P 100, von dem es nur ein Exemplar gab und gemeinsam mit der Zwickauer P 100-Parallelentwicklung im Vergleichstest im WTZ Karl-Marx-Stadt scheiterten. Mit der Regierung hatte das nichts zu tun. Es gab weitere aussichtsreiche Projekte, die in diesem Rahmen nicht alle aufgeführt werden können, aber nachzulesen sind z. B. in Prof. Kirchbergs »Plaste, Blech und Planwirtschaft«. Auch der letzte Wartburg 1.3 (nicht 353) mit 1,4-l-Renault-Motor 1990 konnte das Werk nicht mehr retten, das sich bereits im Abwärtstrend befand. Ein konkurrenzfähiger Nachfolger des Wartburg 353 wäre der Typ 405 geworden, eine Neuentwicklung ab 1968 mit selbsttragender Karosserie und 1,6-l-Vierzylinder-4-Taktmotor mit 80 PS. Von Letzterem gibt es Prototypen. Dieses aussichtsreiche Entwicklungsthema wurde im Stadium Konstruktion abgebrochen.

8. Welche Motorprototypen wurden in Eisenach selbst entwickelt, haben funktioniert und wurden dann doch nicht gebaut?

1957–1960: Vierzylinder 4T-Boxermotor Typ B11, 1088 cm³, 45 PS
1968–1972: Vierzylinder 4T-Reihenmotor Typ 400, 1593 cm³, 83 PS
1981–1984: Dreizylinder 4T-Reihenmotor Typ 234, 1191 cm³, 60 PS
Alle diese Motoren waren zu ihrer Zeit bzgl. ihrer Konstruktion sowie Leistung, Drehmoment und Kraftstoffverbrauch auf dem damaligen internationalen Niveau. Der kurzbauende Boxermotor B11 passte in den kleinen Einbauraum und sollte diesen Zweitakter des Wartburg 311 ersetzen. Der Themenabbruch 1960 erfolgte auf Weisung des Generaldirektors der VVB

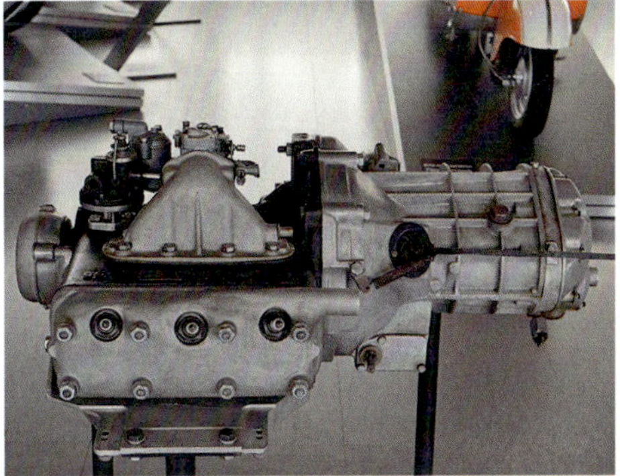

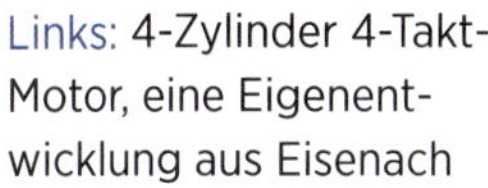

Links: 4-Zylinder 4-Takt-Motor, eine Eigenentwicklung aus Eisenach

Rechts oben: Prototyp P100. Es entstanden zwei Exemplare, eines in Eisenach, eines in Zwickau.

Rechts unten: Das ist ein in Eisenach hergestellter Unterflurmotor Typ 393 mit kompaktem Getriebe. Er war für den Pkw-Einbau geplant.

Auto, Herrn Lang. Der 1.6-l-4T-Vierzylindermotor war gedacht für das Perspektiv-Fahrzeug 405; es war der erste Motor der DDR mit obenliegender Nockenwelle, angetrieben durch Zahnriemen. Außerdem erstmalig in der DDR: seine gegossene Kurbelwelle (Kugelgrafitguss). Dieses Thema wurde durch das Politbüro abgebrochen zugunsten eines geplanten Gemeinschaftsautos (AWE, AWZ, Škoda (Motoren). Diese Aufgabe endete nach drei Jahren sang- und klanglos.
Der Motor 234 war der erste 3-Zylinder-4T-Pkw-Motor in Europa, vorgesehen für den Wartburg 353 zur Ablösung des 2-T-Motors 353 1. Geplante Serieneinführung war III/1986. Angewiesener Themenabbruch 1984 durch das Politbüro im Stadium der erfolgreichen Versuchserprobung wegen Motorenvertrag mit VW zur Herstellung/Ausrüstung von Wartburg, Trabant und Barkas mit VW-Motoren.

9. Die traditionellen 3-Zylinder-Zweitakt-Motore fanden im Serien-Pkw, im Kleintransporter B 1000, im Rallyeauto, im Formelrennwagen und Melkus-Sportwagen RS 1000, in Autocross-Fahrzeugen und als Einbaumotor im Motorbootrennsport Verwendung. Die Entwicklung der Motoren, deren Weiterentwicklung oder Leistungssteigerung erfolgte ebenso in Eisenach oder war das »ausgelagert«?
Die Entwicklung und Betreuung der Dreizylindermotoren erfolgte natürlich für alle in Eisenach produzierten Fahrzeugtypen, dazu für Barkas und die Rallyemotoren der Eisenacher Werksmannschaft, für Melkus tw., im Eisenacher Werk. Alle übrigen Motorenanwender kümmerten sich selbst in eigener Verantwortung. Das galt auch für die Rennbootfahrer, wobei in der Regel die Maßnahmen an den Motoren selten öffentlich gehandelt wurden.

10. Wann gab es die Idee, Wartburgmotore im Rennboot einzusetzen?
Mitte der 1950er-Jahre für den Typ Einbau-Rennboote im Gegensatz zu den

Außenbordern. Gefahren wurde in der Klasse EO1 mit 900 cm³-Motoren.

11. Sie wurden 1970 Weltmeister im Motorbootrennsport und waren bereits Jahre zuvor motorsportlich aktiv. Das hat im Werk für Freude und Anerkennung gesorgt oder gab es Diskussionen: »Nicht am Arbeitsplatz, schon wieder testen oder Rennen fahren …?«
Natürlich gab es eine große Weltmeister-Ehrung in unserer Abteilung Forschung und Entwicklung. Nebenbei lieferte der Rennbetrieb technische Erkenntnisse durch die Schadensauswertung und Leistungssteigerung. Die Zündplatte mit den eingepressten Kondensatoren geht auf meine Kondensatorschellen-Brüche zurück, die ich bei FEK reklamierte. Zum Testen gibt es kein Gewässer rund um Eisenach und somit keinerlei Arbeitszeit-Inanspruchnahme. Wir kamen erst aufs Wasser am Sonnabend vor dem Rennen, für uns ein großer Nachteil gegenüber der Konkurrenz aus Berlin, Dessau und Rochlitz. Dafür waren unsere Motorenprüfstände für mich sehr hilfreich. Meine Erfahrungen im Motorentuning nutzte ich auch für die Anwendung an unseren Werks-Rallye-Motoren.

12. Wurden für motorsportlich-technische Aufgaben – auch weil Neuerungen zu probieren waren – die Lehrwerkstätten mit eingespannt? Nach dem Motto junge Menschen begeistern sich für den Rennsport. Das galt dann gleich als Alibi für Sondervorhaben und es gab ja zusätzlich die »Messe der Meister von Morgen« (MMM).
Für das, was bei uns zu machen war, waren Lehrlinge nicht zu gebrauchen, auch nicht in unserer Werks-Rallyesportabteilung. Die Teilnahme an einer Rennveranstaltung war schon rein körperlich eine Knüppelei. Die Anfahrten von Eisenach, im südwestlichen Teil der DDR, nach Bad Saarow, Brandenburg, Grünau, Frankfurt/Oder usw. mit Bootshänger, die Nachtrückfahrten, der kräfteforderne Umgang mit dem Boot, Kanistern, Motoren und der Nervendruck, dass jeder alles richtig machen muss, braucht Verlass, was nur mit einem eingespielten Team funktioniert.

13. Die Motore für den Motorwasserrennsport wurden international erfolgreich über viele Jahre eingesetzt. Hätte auch ein Export dieser Motore wirtschaftlich ein Erfolg werden können?
Die Firma Danisch in Herzfelde hat über viele Jahre komplett ausgerüstete LX-1000- bzw. R1-Boote in die damalige Sowjetunion verkauft. Ansonsten haben ausländische Verwender unserer Motoren das Tuning nach eigenen Vorstellungen praktiziert.

14. Kfz-Ersatzteile waren in der DDR Mangelware, im Motorsport war die Situation ähnlich. Oft halfen sich die Sportfreunde und Teams untereinander nach dem Motto: »Du baust/reparierst mir das, dafür bekomme ich von dir das oder das …«. Konnten Sie ebenso helfen oder waren beteiligt am »technisch-handwerklichen Austausch«?
Was die Renntechnik anging, hielt sich jeder bedeckt. Im Gegensatz dazu diente meine Person, bekannt als Angehöriger des Automobilwerks Eisenach, anfangs als Anlaufpunkt für die Nachfrage nach Ersatzteilen für die dort betriebenen Wartburgs, bis ich dieser Plage irgendwann einen kategorischen Riegel vorschob.

15. Was hat Sie in der Zeit der Beschäftigung bei AWE am meisten geärgert, weil es ein gutes, Erfolg versprechendes Projekt/Entwicklung war, aber dann doch im »Reißwolf« landete?

Am Ende war mir das alles egal, weil alle Themenabbrüche zum eigenen Schaden der unfähigen Wirtschaftspolitiker und alles besser wissenden Parteistrategen der DDR geschuldet waren. Was mich maßlos geärgert hat, war die miserable Bezahlung, die mir der Arbeiter- und Bauernstaat nach 12 Semestern Technische Hochschule geboten hat, und die persönlichen Benachteiligungen im sozialen Bereich bei Abwesenheit von gewünschten Mitgliedschaften und Mitwirkungen usw. Aber das ist ein anderes Thema.

Oben: Und noch einmal ein Wartburg 353 – hier mit Renault-Motor, jedoch quer montiert.

Links: Eigene Entwicklung, der 3-Zylinder-Viertaktmotor im Wartburg.

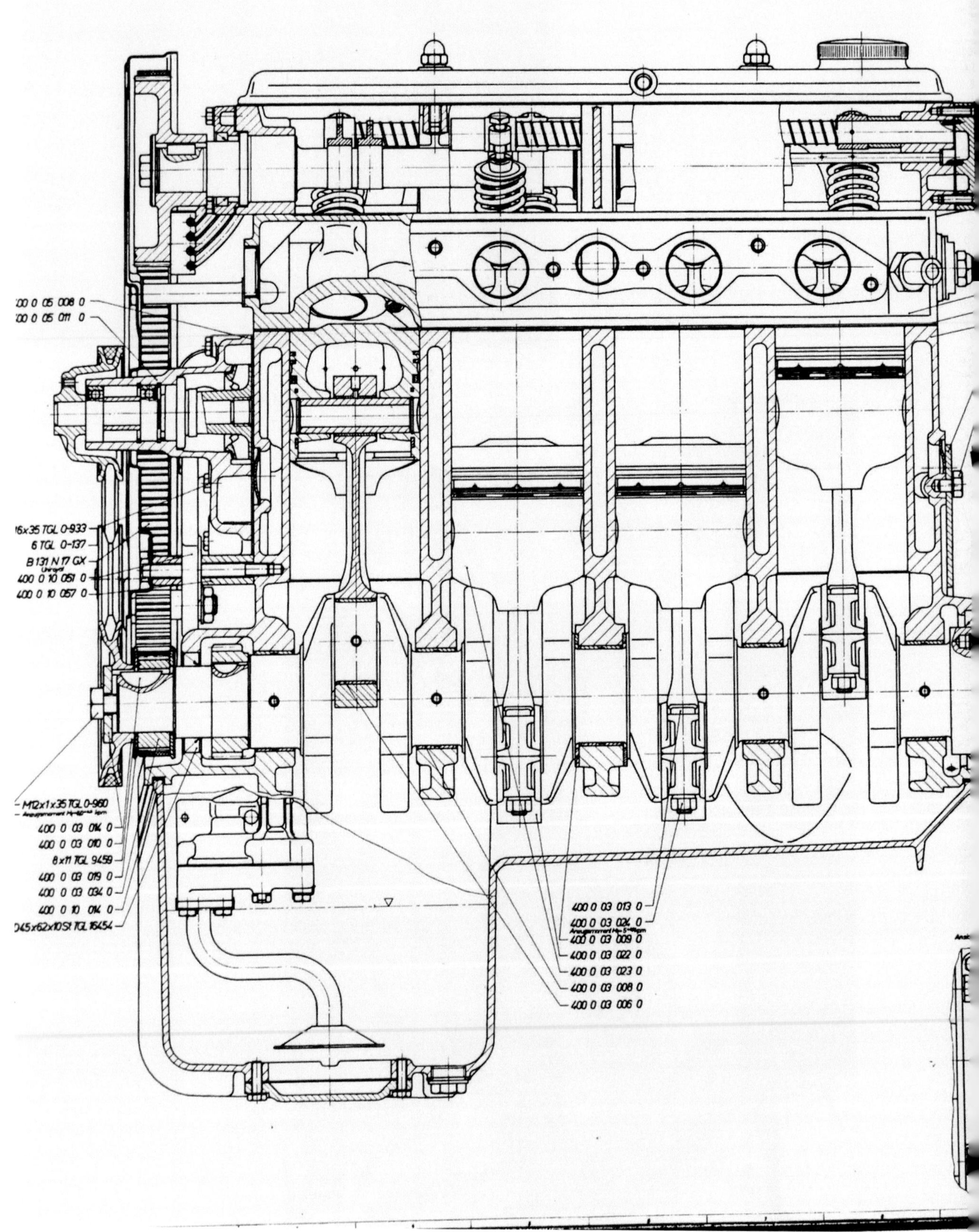

6 TGL 0-137
B 131 N 17 GX
400 0 10 051 0
400 0 10 057 0
M12x1x35 TGL 0-960
400 0 03 014 0
400 0 03 010 0
8x11 TGL 9459
400 0 03 019 0
400 0 03 034 0
400 0 10 014 0
400 0 03 013 0
400 0 03 024 0
400 0 03 009 0
400 0 03 022 0
400 0 03 023 0
400 0 03 008 0
400 0 03 006 0

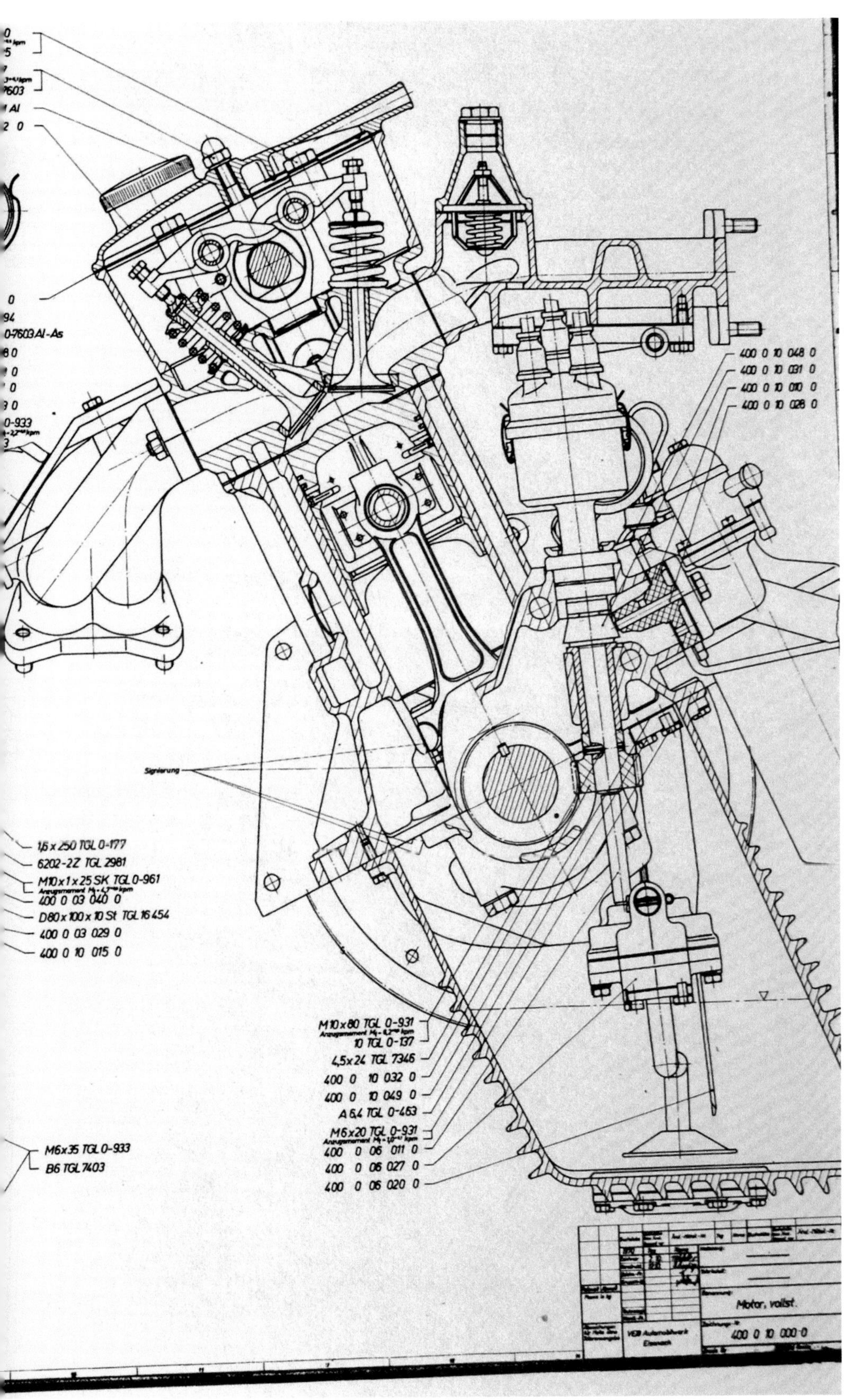

Konstruktionszeichnung des 4-Takt-Motors für den Wartburg, angefertigt von Ingenieur Konrad v. Freyberg

Bernd Göpfert
geb. 10.5.1941
Mechaniker, Mechanikermeister

Tätigkeit in der DDR: Betriebsleiter, Konstrukteur, Motorentuner
Tätigkeit heute: Rentner, ehrenamtlicher Mitarbeiter im Zwickauer Horch-Museum

1. Welchen Beruf hast du in der DDR gelernt, oder waren es sogar mehrere?
Ich wollte Kfz-Schlosser werden, musste die Ausbildung aber aus gesundheitlichen Gründen abbrechen. Nach Besuch der Abend-Oberschule erlernte ich den Mechanikerberuf.

2. Du hattest in der DDR in Zwickau eine eigene Firma. Was wurde dort hergestellt?
Ich arbeitete ab 1960 im elterlichen Betrieb, wir reparierten Kleinkrafträder. Im Jahr 1965, nach Absolvierung der Meisterschule, wurde ich Leiter des Betriebes, den ich 1975 übernahm. Das gute Arbeitsverhältnis nach Suhl führte auch dazu, dass wir in Zwickau die einzige Vertragswerkstatt für Simson-Geländemotorräder bis 50 und 75 cm³ wurden.

3. In welchem Jahr hast du dich für den Motorsport interessiert?
Eigentlich schon immer, 1963 fuhr ich mit einer selbst konstruierten und selbst gebauten Rennmaschine 50 cm³ auf dem Zschorlauer Dreieck mein erstes Rennen.

Achim Scheibe/Suhl (links) und Bernd Göpfert/Zwickau betrachten gemeinsam Technikliteratur.

4. War das gleich der Motorradrennsport oder gehörten andere Disziplinen auch dazu?
Der Motorradrennsport war mein Steckenpferd. Im Suhler Werk wurde man auf mich aufmerksam, zwischen 1969–1972 konnte ich die dort gebaute 50-cm³-Simson-Rennmaschine fahren. Ein Getriebeschaden beim Schleizer-Dreieck-Rennen 1972 führte zum Sturz, ich verletzte mich sehr und war danach «nur noch» Konstrukteur und Techniker. Dem Motorrennsport blieb ich nicht nur treu, sondern konzentrierte mich auf den Bau von Rennmaschinen. In meinem Betrieb hatte ich auch mit den Fahrzeugen der »normalen« Kunden zu tun, zusätzlich waren wir Dienstleister für Haushaltsgeräte in einem größeren Einzugsgebiet.

5. Dein Name ist eng mit der Klasse 80 cm³ verbunden. Hast du von Beginn an gedacht, wenn Rennsport, dann die kleine Klasse, die ja aus der 50er-Klasse hervorging?
Das ist eine »lange« und ebenso interessante Entwicklung. Beim Sachsenring-Rennen 1978 fragte mich der Suhler Diplomingenieur Achim Scheibe, ob ich eine verschlissenen Suhler 50-cm³-Rennmaschine wieder in einen einsatzbereiten Zustand versetzen könnte. Ich sagte zu, doch der Verschleißgrad war so hoch, dass das Fahrzeug nicht mehr zu retten war. Im Ergebnis der nachfolgenden Verhandlung erhielten wir den Auftrag, zwei völlig neue 50-cm³-Rennmaschinen nach internationalem Standard zu bauen. Das geschah, diese wurden sogar hinsichtlich der aerodynamischen Form der Verkleidung im Windkanal getestet. Nach drei Jahren konzentrierten wir uns auf die 80-cm³-Klasse. Wir entwickelten

in Zwickau einen neuen Motor (für den Rennbetrieb), im Werk selbst entstand auf selbiger Basis der 70-cm³-Motor für die neuen Simson-Mopeds.

6. Du hast dich mit Einzylindermotoren beschäftigt, war das Simson-Basis oder komplett eine eigene Motorenentwicklung?
Diese Motoren wurden von mir selbst konstruiert. Sicherlich war der Bezug zu Simson da, denn wir wollten bei den 50er-Modellen auch auf Serienteile zurückgreifen; die 80er-Variante war eine völlig neue Konstruktion. Ich war im gewissen Sinn auch ein »strenger Vertreter« auf die praktische Handwerksarbeit bezogen. Ich habe nicht zugelassen, dass »gebastelt« wird, es wurde exakt nach den Konstruktionszeichnungen und technologischen Vorgaben gearbeitet. Das galt für die Anfertigungen unserer Teile in anderen Firmen und für die Arbeiten in der eigenen Firma.

7. Du hast dich auch politisch engagiert, hattest feste Standpunkte und hast neben Korrektheit auch Offenheit/Ehrlichkeit verlangt. Inwieweit war das hilfreich oder bist du dadurch »angeeckt«?
Anecken war für mich kein Problem, wenn es offen und ehrlich zuging, Wahrheit blieb Wahrheit, auch wenn es manchmal unangenehm war, Probleme offen anzusprechen, nichts schön zu reden. Da ich Abgeordneter im Bezirkstag (Karl-Marx-Stadt/heute Chemnitz) war, hatte ich auch das Recht, Beratungen anzusetzen und miserable Situationen zu schildern und Lösungen einzufordern. Das war meine Auffassung von Demokratie und Verantwortung in der DDR. Nicht immer, aber auch, führte es zum Erfolg! Verantwortliche Personen in Betrieben versprachen Hilfe, mir wurden Werkzeugmaschinen zugeteilt oder Bauanträge genehmigt. Es gab Menschen, die sich für die Sache aufgeopfert und persönlich wirklich gepowert haben; andere haben mit Ausreden geglänzt und nicht über Lösungen, sondern Schwierigkeiten debattiert. Ich denke, auch heute ist das noch so.

Zwei Rennfahrer präsentieren die schicken Simson-Rennmaschinen.

8. Welche Baugruppen und Teile hast du dir mit deinem handwerklichen Geschick selbst vorgenommen und was musstest du »außer Haus« geben? Rahmen, Federelemente, Räder, Bremsen … alles äußerst wichtige Teile. Wer hat was gebaut oder zugeliefert?
Es gab beides. Für die Konstruktion war ich verantwortlich; ebenso lag die Kontrolle und Endprüfung in meiner Verantwortung. Das galt für fremd oder in der eigenen Werkstatt gefertigte Teile. Ich möchte das am Beispiel der Magnesiumlaufräder für die Rennmaschine erklären. Ich zeichnete das Laufrad, dann wurde in einem Betrieb in Freiberg das Holzmodell gefertigt. Gegossen wurden die Räder dann in Dresden; die stellten Spezialteile in Magnesium her, so auch die Räder für uns. Die Rohlinge wurden geprüft, dann in einem Spezialbetrieb bearbeitet, anschließend wieder der Röntgenprüfung unterzogen und dann erst für den Einbau in den Rennmaschinen

zugelassen. Wir besaßen acht Laufräder von höchster Qualität. Dieser Prozess galt für die in der Leipziger MEGU gefertigten Kolben genauso wie Motorgehäuse oder 1-mm-Stahlkolbenringe.

9. Hattest du für die Motore einen Prüfstand und hast Leistung, Drehzahl und Drehmoment vorher erprobt und dann Veränderungen vorgenommen, oder mussten sich die Rennfahrer verlassen und hoffen, dass die kleine Rennmaschine halt abgeht wie »die Post«?
Ich hatte eine Prüfstandsanlage; von mir konstruiert und gebaut. Sie stand funktionstüchtig neben meiner Werkstatt im Prüfraum und leistete »goldene Dienste«. Im Rennsport ohne Prüfstand zu arbeiten, ist unmöglich, wenn man nach höchsten Leistungsparametern sucht.

10. Die Zylinderkörper aus Leichtmetall waren im Laufbereich des Kolbens an der Oberfläche gehärtet, das heißt mit Nikasil beschichtet. Eigentlich gab es das Verfahren in der DDR nicht; wie habt ihr das trotzdem geschafft?
Ein Motorradzylinder besteht aus Leichtmetall (etwa einer Aluminiumlegierung), mittig ist die aus hochwertigem Stahl bestehende Laufbuchse eingeschrumpft. In der Stahllaufbuchse gleitet der Kolben »auf und ab«, die Dichtheit wird durch die Kolbenringe gewährleistet. Ungünstig dabei ist, dass die Stahllaufbuchse sich anders ausdehnt als der Aluminiumzylinder bzw. Aluminiumkolben – einfach ausgedrückt, bringen die dadurch entstehenden Verformungen Nachteile (Dichtheit = Leistung nimmt ab, Kolben kann sich verklemmen). Bei der Nikasiltechnologie wird der Leichtmetallzylinder mittig auf das Maß exakt gebohrt (beispielsweise 125 cm³ = 54 mm Bohrung) und in der Oberfläche sehr genau bearbeitet. Danach wird galvanisch die 0,05 mm dicke Nikasilschicht aufgebracht. Der Kolben aus Aluminium bewegt sich dann in einer Nikasilschicht der Zylinderlaufbahn, sodass dann Dehnungsverhalten von Kolben und Zylinder fast gleich sind. Dieses Verfahren hat die Firma Mahle (damals BRD) entwickelt und erfolgreich angewandt. Die DDR-Sportabteilungen in den Werken Zschopau und Suhl ließen die Zylinder der Motoren jedes Jahr bei Mahle in Stuttgart beschichten. Das wurde in »harter Währung« bezahlt. Ich hatte das für meine Rennmaschinen nicht in der Planung.

11. Wie war dann aber deine Lösung?
Das ist eine fast spannende Story, mindestens aber eine einmalige Geschichte. Zu Beginn erhielt ich die Genehmigung von Herrn Günter Baumann, damals Motorsportverantwortlicher im Ministerium für Fahrzeugbau (MALF), zwei 80-cm³-Zylinder bei Mahle beschichten zu lassen; für die Erprobung war das nicht viel, doch ein »Wunder« brachte 1987 Abhilfe. Bei der MEGU in Leipzig lag eine Doktorarbeit der Universität Karl-Marx-Stadt (heute Chemnitz) seit 20 Jahren im Panzerschrank. Eine Mitarbeiterin war damals mit den ersten Versuchen beschäftigt, sie wurde in dieser Zeit schwanger und kam nach der Geburt des Kindes nicht zurück in den Betrieb – das Vorhaben geriet in Vergessenheit. Bis der Chef der Kolbenfertigung sich erinnerte: »Da war doch was.«. Mithilfe der Hochschule in Zwickau, staatlicher und militärischer (NVA) Hilfe bauten wir die galvanische Anlage. Als wir sie in Betrieb nehmen wollten, stellte ich fest, dass für die Beimischung der Elektrolytlösung noch zwei Kilogramm Siliziumpulver fehlten. Das war weder in der DDR noch in einem anderen sozialistischen Land zu bekommen. Ich fuhr zu Herrn Baumann nach Berlin, der in der Friedrichstraße sein Büro

Bernd Göpfert (in der Bildmitte mir dem Rücken zum Betrachter) lässt die von ihm entwickelte Rennmaschine im Windkanal testen.

hatte – er konnte helfen, für 25 DM brachte er es aus der BRD mit. Das Vorhaben war gerettet, die Beschichtung konnte beginnen; auch die Sportabteilung in Suhl war erfreut und brachte uns dann die Werkszylinder zum Beschichten.

12. Die Kosten für das Projekt waren sicherlich sehr hoch. Hattest du ein Budget, wie wurde kalkuliert oder waren finanzielle Grenzen gesetzt?

Es gab keine Vorgabe, Grenzen wurden mir nicht gesetzt. Ich musste alles mit dem Direktor für Forschung und Entwicklung in Suhl, Herrn Dipl.-Ing. Achim Scheibe, abstimmen und monatlich die Abrechnungen tätigen. Nicht nur, dass auf Herrn Scheibe Verlass war, es gab keine finanziellen Sanktionen oder gar Verbote. Aber auch »Eigenheiten«, über die man heute nur schmunzeln kann. Wir wollten die Rennmaschine irgendwo vor der Öffentlichkeit »schützen«, also ungestört, testen. Das war in der DDR nicht möglich und auf geeigneten öffentlichen Straßen verboten. Deshalb fasste ich die Rennstrecke in Most/ČSSR ins Auge und bekam auch die Genehmigung, dort hinzufahren. Wir mieteten die Strecke für 2 Tage, der Leiter des »Autodroms« erklärte, dass die Rechnung über 30 000 kcs (damals ca. 10 000 DDR-Mark) zugesandt wurde. Mit der Rechnung fuhr ich nach Suhl, nach einigen Tagen stellte sich heraus, dass die Bezahlung wegen des fehlenden Valutabudgets nicht möglich war. In dieser Angelegenheit fuhr ich wieder nach Most, um die peinliche Nachricht zu überbringen. Außerdem stand der Europameisterschaftslauf in Most bevor, ich wollte verhindern, als »unerwünschte Person vom Hof gejagt« zu werden. Der Leiter des Autodroms nahm die Nachricht

Die Rennmaschine mit 125 cm³ hatte die Firma Göpfert bereits fertiggestellt.

mit einem Lächeln auf und meinte, »...das ist ja wie bei uns ... wir finden eine Lösung ...«. Er hatte Interesse an einem Simson-Roller! Wir wurden danach weiterhin glücklich in Most begrüßt.

13. Kannst du dich noch erinnern, ob alles aus DDR- Produktion oder aus den RGW- Ländern kam, oder musste auch »harte Währung« eingesetzt werden?
Unsere Vorgabe seitens des Ministeriums war, ein Rennmotorrad ohne »westliche Teile« zu entwickeln. Im Prinzip war das erklärbar, in der DDR waren Devisen knapp, und unser Motorrad sollte für junge Rennsportler erschwinglich sein. Das war nur umzusetzen, wenn möglichst alles aus der DDR stammte. Das galt sogar für die notwendigen Windkanalversuche, die wir an Wochenenden in der Hochschule in Dresden absolvierten. Es waren also nur das besagte Siliziumpulver und die Reifen, die für »hartes Geld« beschafft werden mussten. Aus den RGW-Ländern kamen gegebenfalls Kleinteile, Schrauben ...

14. Wie viele Personen gehörten zu deinem Technikerteam; gab es Spezialisten für den Motor, das Getriebe, die Zündung, für das Fahrgestell usw.?
Ich hatte in Zwickau ein Unternehmen, d. h. Werkstatt und Geschäft, für Fahrräder, Mopeds und Haushaltsgeräte. Es gab seitens des Staates und damit auch der Stadt Vorgaben, den Bevölkerungsbedarf zu befriedigen, unzufriedene Kunden ärgerten mich auch persönlich. Deshalb gab es meinen Mitarbeitern gegenüber »strenge Vorgaben«, weil ich schimpfende Kunden einfach als unangenehm empfand. Vorteilhaft für meinen Betrieb war, dass die Rennsportaktivitäten nicht unter den Vorgaben für den Bevölkerungsbedarf zurückgeschraubt werden mussten. Ich hatte fünf Mitarbeiter im Ladengeschäft, drei Mitarbeiter für die Fahrräder/Mopeds, vier Mitarbeiter Haushaltsgeräte und 14 Mitarbeiter im Rennsport sowie zwei Büroangestellte. In der Rennsportgruppe gab es selbstverständlich Spezialisten für Schweißarbeiten, für den Motor, für das Fahrgestell, für die Elektronik usw.

Der Schleizer Rennleiter Gerhard Elschner (rechts) präsentiert mit einem Rennfahrer die von Bernd Göpfert geschaffenen 80-cm³-Simson-Rennmotore.

15. Was hat damals auf Anhieb funktioniert und bei was seid ihr manches mal verzweifelt?

Als ich Anfang der 1980er-Jahre mit den 50-cm³-Motoren begann, war ich mit einer Technischen Zeichnerin allein; ihr Mann half mir ebenso, aber insgesamt war ich mit den Ergebnissen nicht zufrieden. Das änderte sich mit der Zielstellung der 80-cm³-Rennmaschine und der damit verbundenen Zusammenarbeit mit dem Suhler Werk. Wir hatten von Beginn an eine klare Aufgabenstellung, klare Ziele und am Ende auch gute Ergebnisse.
Wir waren auf der Erfolgsspur, das trieb uns an!

16. Gibt es aus »deiner Hand« und damit aus der damaligen Werkstatt selbst gefertigte technische Raffinessen, die tatsächlich in dieser Zeit als einmalig zu bezeichnen sind?

Aus »unserer Hand« stammt die Eigenentwicklung der kompletten 80-cm³-Rennmaschine, die sich heute im Museum in Suhl befindet. Das war unser ganzer Stolz – bis heute.

17. Die 80-cm³-Klasse wurde Anfang der 1990er-Jahre abgeschafft. Hättest du auch gern in einer anderen Hubraumklasse mitgewirkt?

Die internationale Föderation hatte die Klasse 80 cm³ in der EM und WM aufgegeben, die kleinste Haubraumklasse war mit 125 cm³ festgelegt. Anfang 1989 hatten wir mit den Simson-Leuten in Suhl mit der Entwicklung dieser Klasse begonnen und waren bereits auf gutem Weg. Dann kam der November 1989 und das Jahr 1990 versprach für unser Team nichts Gutes. Ende des ersten Quartals mussten wir alle Teile, Baugruppen und Fahrzeuge nach Suhl bringen, um verschrottet zu werden. Zum Glück gelang es der Stadtverwaltung in Suhl, die 125er-Rennmaschine zu retten, sie steht im dortigen Museum. Es geschah leider viel zu oft, dass gute Entwicklungen oder Produktionen einfach durch »Westentscheidungen« still gelegt oder auf Nimmerwiedersehen demontiert wurden. Mein Engagement und meine Entwicklungsarbeit mit meinem Team war damit beendet, doch den Stolz auf unsere Leistungen konnte niemand zunichte machen.

Christian Heiduschke
geb. 1.4.1952
Baumaschinist

Tätigkeit in der DDR: Autokranfahrer
Tätigkeit heute: selbstständige Kfz-Handwerker und Rentner

1. Welchen Beruf hast du in der DDR gelernt?
Baumaschinist.

2. In welchem Jahr hast du dich für den Motorsport interessiert?
Seit 1966, ernsthaft ab 1969.

3. War das gleich der Motorradrennsport oder gehörten andere Disziplinen auch dazu?
Hauptsächlich der Motorradrenn- und Kartsport.

4. Haben dich Fahrer angesprochen, so nach dem Motto: »Kannst du mir den Motor reparieren bzw. mit mehr Leistung ausstatten …«, oder hast du von dir aus gedacht »… die sind ja so langsam, da muss doch was zu machen sein …«?
Angefangen hat es mit der Unterstützung bei Veranstaltungen; dann haben sich Aktive an mich gewandt.

5. Hast du die Fahrer gebeten »Bring mir den Motor, ich frisiere ihn …« oder hast du Motore selbst aufgebaut und die dann fertig funktionsfähig angeboten?
Nach den ersten Reparaturen an Rennmotoren kam die Idee auf, man könnte mit eigenen Vorstellungen vielleicht manches besser hinbekommen.

6. Dein Name ist eng mit Michael Freudenberg, der einer der besten Rennfahrer in der Klasse 250 cm³/Einzylinder war, verbunden. Hast du Michael von Beginn an betreut oder erst, nachdem sein Aufstieg begann?
Mit Michael war ich seit 1977 zusammen. Zuerst in der 125er-Klasse mit einem Kart-Eigenbaumotor. Mit der Ausschreibung der 250-cm³-Einzylinderklasse kam der Gedanke einen eigenen Motor auf MZ-Basis zu bauen.

7. Du hast dich mit Einzylindermotoren mit 125 cm³ und 250 cm³ Hubraum beschäftigt; war das jeweils auf MZ- Basis?
Es war fast die einzige Möglichkeit, aber auch die beste.

8. Wann bist du auf die Idee gekommen, eigene Motore selbst zu bauen oder statt einem serienmäßigen 4-Gang-Getriebe dann auf fünf bzw. sechs Gänge zu erweitern?
Von Anfang an, weil anderes Material für uns zu teuer war. Getriebeänderungen waren zwangsläufig notwendig.

9. Welche Baugruppen und Teile hast du dir mit deinem handwerklichen Geschick selbst vorgenommen und was musstest du »außer Haus« geben; welche Teile konnten Rennfahrer bei dir bestellen?
Das Motorengehäuse war MZ-Serienanfertigung, wobei diverse Bearbeitungen notwendig waren. Alles andere, wie Getriebe, Kupplung, Kurbelwelle, Zylinder mit Kopf sowie Kolben und Kolbenring wurden selbst angefertigt.

10. Um Gussteile selbst zu produzieren, sind Formen anzufertigen. Dann mussten die Rohlinge bearbeitet werden. Hast du dich damit auch beschäftigt?
Die Formen für Gussteile und die Bearbeitung wurden in meiner Werkstatt gefertigt.

11. Hattest du für die Motore einen Prüfstand und hast Leistung, Drehzahl und Drehmoment wie »im Labor« vorher probiert und dann Veränderungen vorgenommen, oder mussten sich die

Rennfahrer verlassen und hoffen, dass das Fahrzeug abgeht wie „eine Rakete"?
Ich habe alle Motoren vorher auf einer Wasserwirbelbremse (Prüfstand) getestet.

12. Der Motorradrennsport hatte es dir angetan, ebenso der Kartsport. Immer ging es um Motore?
Auch die Fahrgestelle waren sehr wichtig. Nur mit einem kompletten Paket entstehen beste Voraussetzungen, damit ist der Fahrer auch wirklich schnell.

13. Waren der Grundaufbau eines 125 cm³ Kartmotors genauso wie der Motor für das Rennmotorrad?
Vom Prinzip ja, nur die Charakteristik (Drehzahl, Drehmoment, Gertriebeabstufungen) sind unterschiedlich.

14. Wann hast du dich erstmalig mit wassergekühlten Zylindern beschäftigt?
Das war 1980 mit den 125 cm³ Motoren und 1984 mit 250-cm³-Einzylindermotoren.

15. Kannst du dich noch erinnern, wer dir damals technisch geholfen hat; waren es Handwerker oder auch Kollegen in VEBs oder PGHs oder warst du immer »Einzelkämpfer«?
Ganz allein ging es nicht. Ich hatte nicht alle notwendigen Maschinen der Metallbearbeitung. Die Hilfsbereitschaft der Firmen und untereinander war groß.

16. Wie viele Personen gehörten zu deinem Technikerteam; gab es Spezialisten für den Motor, das Getriebe, die Zündung oder hast du so gesehen alles beherrscht?
Mein Lehrmeister war Horst Hanke, mit dem haben wir bis 1988 zusammen alles bewerkstelligt. Leider ist er viel zu früh verstorben.

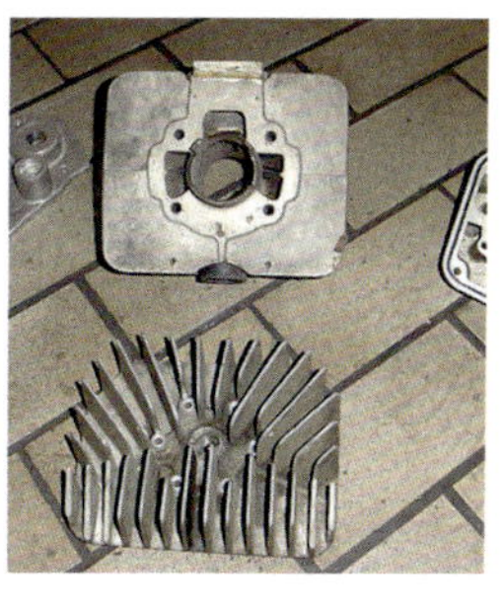

Von Christian Heiduschke selbst gefertigte Teile wie wassergekühlter Zylinder, Zylinderkopf 125 cm³, Kolben und Motorgehäuseteil.

17. Und wenn an einem Wochenende zufällig Kart- und Motorradrennsportveranstaltungen stattfanden, wie hast du das »organisiert«?
Der Motorradsport hatte Vorrang.

18. Gibt es aus »deiner Hand« und damit Werkstatt weitere selbst gefertigte technische Raffinessen, die tatsächlich als Eigenbau zu bezeichnen sind?
Ich habe Kolbenringe, Kurbelwellen, Zylinder, Getriebe, Wasserpumpen, Kühler und viele Kleinteile wie Kettenblätter, Ritzel oder Brems- und Kupplungsbetätigungen selbst gefertigt.

19. An was hast du dich selbst versucht, bist aber verzweifelt, weil es dir nicht gelungen ist und hast es dann verworfen?
Wenn ich etwas neues probiert habe, war es bis zum Funktionieren manchmal zum Verzweifeln. Aufgegeben habe ich nicht, irgendwann ist es doch gelungen.

20. Was hättest du gern technisch entwickelt oder an der Entwicklung mitgewirkt, was aber aus unterschiedlichen Gründen nicht möglich war?
Das ist nicht zu beantworten, weil es eine andere Zeit war. Ich habe versucht, aus dem damals vorhandenen Material bzw. der Technik das Beste zu machen.

Jörg Lessing
geb. 4.2.1954
Kfz-Meister

Tätigkeit in der DDR: Selbstständige Kfz-Reparaturwerkstatt für Trabant
Tätigkeit heute: Inhaber des gleichnamigen Autohauses in Berlin; Vertragshändler für Mitsubishi und Volvo

1. In welchem Alter wusstest du, dass Fahrzeuge im beruflichen Leben eine Rolle spielen werden?
Bereits mit 14 Jahren war mein Interesse an Fahrzeugen geweckt.

2. Hattest du als junger Mann zuerst Motorräder oder gleich Pkw »im Auge«?
Das waren zuerst Motorräder.

3. Auch in der DDR versuchte jeder Handwerker mit einer Kfz-Werkstatt Geld zu verdienen, in dem man Fahrzeuge reparierte oder deren Motore instand setzte. Hast du bereits in jungen Jahren damit geliebäugelt: »Frisieren kann nicht jeder, dass mache ich zusätzlich.« Oder spielte das in den Anfangsjahren der Selbstständigkeit keine Rolle?
Das lief parallel, wichtig war das Vorhaben Trabant-Werkstatt.

4. Wann hast du die Begeisterung für den Motorsport entdeckt?
Mit 13 oder 14 Jahren; meine Mutter nahm an Rallyes für Jedermann teil.

5. Mit welchen Fahrzeugen/Sportgeräten hast du angefangen?
Zuerst saß ich auf dem Beifahrersitz meiner Mutter; mit 15 bekam ich das Moped Star und konnte an Serienrallyes teilnehmen. Mit 16 spielte/fuhr ich Motoball, danach wechselte ich zum Motocross.

6. Waren die Motorräder bereits fertig, hast du gebrauchte Maschinen gekauft und dann zurecht gemacht oder komplett selbst gebaut?

Der Berliner Jörg Lessing im Eigenbau-Autocrosswagen

Ich habe mir ein Cross-Motorrad auf MZ-Basis mit einem 250er-Motor aufgebaut, später besorgte ich mir eine CZ 380 cm³.

7. Irgendwann bis du auf Autocross umgestiegen, mit welchem Fahrzeug hast du angefangen?
Ende der 1970er-Jahre wurde Autocross in der DDR eingeführt, das gefiel mir. Mein erstes Fahrzeug war ein Eigenbauwagen von Arndt Hornickel mit einem »großen« Wartburg-Motor. Der hatte ca. 1150 cm³ und drei Vergaser.

8. Wann bist du auf die Idee gekommen, einen eigenen Rennwagen herzustellen?
Das war 1986, der Rennfahrer Klaus Riedel aus der Zittauer Gegend hatte in seiner Schmiede alle Voraussetzungen. Dort wurde der komplette Rohrrahmen gebaut; den 1.600er-Lada-Motor frisierte ich selbst.

9. Hattest du oft Originalfahrzeuge als Vorbild oder hast du dich an Fotos und bzw. Fachbüchern orientiert und dann nach- bzw. umgebaut?
Rennfahrer aus der ČSSR hatten gute Fahrzeuge, die nahmen wir uns zum Vorbild und bauten nach. Zum Glück konnten auch Altteile aufgebessert und dann verwendet werden. Bücher dazu gab es nicht.

10. Für einen Autocrosswagen gab es serienmäßig ja nur den Motor. Das Fahrgestell, die Achsen bis hin zur Überrolleinrichtung/Sicherheitskäfig mussten selbst gebaut werden. Wie groß war dein Team und wo habt ihr gebaut?
Ich hatte insgesamt fünf Mechaniker.

11. Was konntest du dir mit deinem handwerklichen Geschick oder deine Helfer selbst vornehmen und was musste grundsätzlich »außer Haus« gegeben werden?
In der Berliner Werkzeugfabrik (BWF) ließ ich Dreh- und Fräßsarbeiten ausführen.

12. Oft gab es in der DDR solche Situationen wie: »Fertige für mich das und das, als Gegenleistung bekommst du dafür das oder das geliefert.« War das auch für dich wichtig, hat das weiter geholfen?
Ich habe mit meinem Team eigentlich nur für den sportlichen Eigenbedarf meine Dinge herstellen könnten. Durch meine Trabant-Merkstatt hatte ich parallel »gute Beziehungen«, so konnte ich manchen Engpass überwinden.

Jörg Lessing

13. Welche Teile am Autocrosswagen waren sehr empfindlich bzw. waren anfällig und gingen oft kaputt?
Hauptsächlich das Getriebe, manchmal auch der Motor. Die Getrieberäder hielten die Kraft nicht aus und »lösten sich auf«. Ich bekam später ein gebrauchtes Getriebe aus einem VW- Transporter, die Zahnräder ließ ich anfertigen, das hielt dann.

14. Wenn der Motor jeweils fertig hergerichtet war, wurde die Maschine auf einem Prüfstand getestet oder wurde der Motor eingebaut und dann ging es irgendwo hin, um auszuprobieren?
Ich konnte im Berliner Unternehmen Autoservice Berlin (ASB) den Motor auf dem Prüfstand testen. Im eingebauten Zustand sind wir zum Stadtrand gefahren und haben auf einem Feldweg den Wagen getestet. Das war problemlos möglich.

15. Du warst auch international erfolgreich, gehörtest wie Helmut Feiertag, Peter Mücke, Roland Reab oder Klaus Riedel zur DDR-Nationalmannschaft. Jeder fuhr einen anderen Motor, war das hinsichtlich der technischen Betreuung bei Havarien im Ausland ein Problem?

Jeder hatte seine Technik und »sein Geheimnis«; geholfen untereinander haben wir uns immer.

16. Gibt es aus »deiner Hand« und damit Werkstatt selbst gefertigte technische Raffinessen, die reiner Eigenbau sind und vielleicht auch kein anderer hatte oder auf dessen Prinzip du heute noch stolz bist?
Wir haben einen Lada-Motor mit verkürztem Hub probiert, dazu musste die Kurbelwelle verändert werden. Die passenden Kolben dazu kamen vom Zastava. Und wir haben Hinterachsen aus stabilem Titan gebaut. Den Werkstoff gab es offiziell nicht. Ich kannte jedoch jemand, der für die Marine arbeitete, der besorgte mir »Reste«, aus denen dann Achskörper geschweißt wurden.

17. Was hast du auch versucht, selbst zu bauen, was aber nicht gelungen ist oder zu aufwendig war oder nicht funktioniert hat und dann verworfen wurde?
Wir wollten aus zwei Wartburg-Blöcken jeweils einen Zylinder wegnehmen und aus den zwei Hälften dann einen 4-Zylinder-Motor bauen. Aufgrund einer Reglementsänderung haben wir das Projekt nicht zu Ende geführt.

18. Heute kann fast alles gekauft werden: Serienteile, Tuningsätze, ganze Sportfahrzeuge. Die Sportler beherrschen zwar die Fahrzeuge, können aber mit der Technik wenig anfangen. In deiner Zeit kanntest du jede Schraube, jedes Motorgeräusch konntest du deuten, wusstest, wann Leistung fehlt … Der Vergleich mit der heutigen Situation fällt schwer, jedoch im Rückblick: War es schön oder hättest du es anders machen sollen?
Die Situation lässt sich nicht vergleichen. Trotz der vielen Probleme, der Überstunden und Nachtarbeit möchte ich die Zeit nicht missen. Nicht eine Minute war »umsonst« und wir haben gelernt, Freundschaften und Material zu schätzen.

Alles an so einem Autocrosswagen Anfang der 1980er-Jahre war Eigenbau.

Gerhard Richter
geb. 20.6.1933
Werkzeugmacher,
Kfz-Meister,
Ingenieur

Frank Richter
geb. 21.8.1970
Werkzeugmacher,
Kfz-Techniker-
meister

Tätigkeit in der DDR: selbstständig; Firma KWR (Kurbelwellen-Richter)
Tätigkeit heute: selbstständig

1. In welchem Alter haben Sie gewusst, dass Fahrzeuge oder Motoren im beruflichen Leben eine Rolle spielen werden?
Gerhard: In und nach der Lehrzeit (1947–1950) wurde sehr viel improvisiert und die vorhandenen Fahrzeuge mussten am Laufen gehalten werden.
Frank: Aufgewachsen auf den Rennplätzen und in der Werkstatt des Vaters, schon sehr früh.

2. Haben Sie bei Ihrem Vater von Anfang an danebengestanden und alles aufmerksam verfolgt, oder gab es zuerst andere Interessen?
Natürlich, von Anfang an. Mit ca. fünf Jahren konnte ich in der Werkstatt zumindest schon einen Weber-Vergaser demontieren und die Düsen unterscheiden.

3. Man versucht üblicherweise im Beruf Geld zu verdienen, indem man diverse Fahrzeuge repariert oder deren Motore instand setzt. War das schon zu Beginn so? Und wenn nicht, wie war es dann wirklich?
Gerhard: Hauptsächlich stand der Beruf im Vordergrund, angefangen hat es jedoch mit dem etwas »lahmen« 340er-BMW, dem mittels anderer Vergaser auf die Sprünge geholfen wurde. Lehre, Beruf und Hobby waren von Anfang an ein Teil.
Frank: Bei mir war zuerst die Ausbildung der wichtigste Teil. Ohne diese – auch vom Vater – vermittelten Grundlagen, hätte ich mein Hobby nie zum Beruf machen können.

4. Gerhard, Sie sind Rallye gefahren: Wann begann die sportliche Laufbahn?
Exakt 1959 mit einem F9 bei der kleinen Rallye Potsdam, die als Gesamtsieger beendet wurde.

5. Dachten Sie (Gerhard) damals »… zu einem guten Fahrer gehört ein schnelles Auto …«, da muss doch technisch was zu machen sein?

Wartburg-Pleuel mit dem Haupt- und Nadellager sowie verschiedenen Kolbenbolzen

Ja und ich bin sehr froh, dass mein Sohn die Tradition im Rallye- und Motorsport, erfolgreich fortsetzt. Immer mit dem Zitat von Günter Graßmann im Hintergrund, »Es genügt nicht, den schnellsten Wartburg zu haben, man muss ihn auch sicher auf der Straße halten.« (Illustrierter Motorsport 1962 – Unfall Sachsenring, in Führung liegend vor allen Werkswagen.)

6. Sie (Gerhard) haben in Berlin/DDR Kurbelwellen repariert; zuerst oder am meisten für Serienmotore aus dem Wartburg, weil das Regenerieren von Teilen oder Baugruppen wichtig war?

Ja, mit insgesamt 10 Mitarbeitern, wurden im Jahr ungefähr 6.000 Kurbelwellen instandgesetzt. Da der ehemalige »Schrauber« von Bernd Grübsch – Wolfgang Palm – als auch Rudolf Wollner als ehemaliger Rennfahrer Teil der Mannschaft war, spielten der Rennsport und die Kurbelwellen dafür immer eine wichtige Rolle.

7. Wann sind Sie auf die Idee gekommen »Daraus könnte man mehr machen … Frisieren muss sein« und damit kann man zusätzlich Geld verdienen?

Frank: Nun, dass zusätzliche Geld verdienen, kann man durchaus in den Bereich der Legenden verschieben - allerdings treibt einen der technische Ehrgeiz an, immer besser zu sein. Dass dabei die eine oder andere Lösung entsteht, ist oft auch reine Glücksache.
Gerhard: Stimmt seinem Sohn zu.

8. Was war an einer Wartburg-Kurbelwelle am anfälligsten?

Der Rollenkäfig im unteren Pleuellager ist bei Drehzahlspitzen und Schwingungen, den Belastungen nicht gewachsen. Daher wurde sehr früh mit dem Umbau eben dieser Lagerung begonnen und durch glückliche Umstände konnten damals Stahlkäfige aus West-Berlin beschafft werden. Der Erfolg war, die Kurbelwellen hielten jetzt mitunter eine Saison lang und wurden u. a. auch von unseren ungarischen Rallyefreunden sehr geschätzt. Mitunter fuhr innerhalb einer Saison, der DDR-Meister im Autocross, der DDR-Meister im Boot und der DDR-Meister in der Rallye mit einer Kurbelwelle dieser Bauart. Dieses System der unteren Pleuellagerung ist bis heute aktuell und wird durch die Fertigung eigener Stahlkäfige ergänzt.

9. Was konnten Sie mit dem handwerklichen Geschick selbst vornehmen und was musste grundsätzlich »außer Haus« gegeben werden?

Gerhard: Wir haben sehr viel Energie in die korrekte Wärmebehandlung der Zylinderköpfe und Kolbenrohlinge investiert. Die im Studium erlernten Kenntnisse, konnten so in die Praxis umgesetzt werden. Haltbare und schnelle Rennmotoren und natürlich die passenden Kurbelwellen dazu, sind das Ergebnis.
Frank: Einzig die härtetechnische Wärme-

behandlung der Hubzapfen wurde und wird außer Haus erledigt.

10. Die Grundlage für eine »frisierte Kurbelwelle« war immer das Serienprodukt, oder haben Sie Kurbelwellen auch in Eigenproduktion gefertigt?
Kurbelwellen in »Eigenproduktion« waren und sind nur für die eigenen Motore gedacht. Ein kleiner Wettbewerbsvorteil, darf ruhig im eigenen Hause verbleiben.

11. Es gab Bastler, die haben zwei Wartburg-Motore jeweils am zweiten Zylinder geschnitten und dann zum 4-Zylinder- Motor zusammengefügt. Waren Sie mit der Kurbelwelle dafür beteiligt?
An diesem Projekt nicht, jedoch wurde bei einer Firma in Berlin ein 4-Zylinder-Wartburg-Bootsmotor gebaut, dessen Kurbelwelle als Basis diente. Leider fehlen hierzu die Details in der Erinnerung. Einzig ein mittlerer Lagerzapfen aus diesem Projekt ist noch vorhanden.

12. War es egal, ob ein Wartburg-Motor in einem Rallyewagen, im Rennboot, im Formelrennwagen oder im Autocrossfahrzeug verwendet wurde?
Das ist eine interessante Frage. Anfangs wurden die Steuerzeiten sowohl im Formelrennsport als auch im Boot immer mehr »nach oben gezogen«. Das Ergebnis war zwar eine hohe Leistung bei hoher Drehzahl, allerdings ohne Kraft im unteren Drehzahlbereich. Nach einem Motorschaden im Rennboot, bei einem Rennen in Berlin-Grünau, wurde kurzerhand der leicht verbesserte Motor aus dem eigenen Wartburg eingebaut und damit erstaunlicherweise der dritte Platz erzielt. Das brachte die Erkenntnis, dass man mit an die Rallye-Motoren angelehnten Steuerzeiten, bessere Ergebnisse erzielen und mehr Leistung über die entsprechende Abgasanlage erreichen kann.

13. Konnten fertige Kurbelwellen im Motor eingebaut und dann auf einem Prüfstand hinsichtlich Abstimmung, Leistung, Drehzahl und Drehmoment getestet werden, oder waren die Fahrer darauf im praktischen Einsatz angewiesen – geht oder geht nicht?
Die Rennmotoren wurden auf dem Prüfstand der MeGu in Leipzig als auch auf dem von BVF getestet. Bei jeder einzelnen Kurbelwelle ist dies nicht notwendig, vorausgesetzt, die Präzision bei der Fertigung wird beachtet.

14. In der DDR war es nicht einfach, Kfz-Ersatzteile zu bekommen, noch schwieriger war es in der Versorgung für den Motorsport. Klappte das mit den Kurbelwellen im Prinzip problemlos oder nur unter größten Schwierigkeiten?
Hier gab es keine größeren Schwierigkeiten und die Zusammenarbeit mit der Werkstatt des ADMV in Leipzig erwies sich natürlich als hilfreich.

15. Sie sind Techniker und Tuner zugleich. Was hat Ihnen am meisten gelegen oder viel Freude bereitet?
Gerhard: Das Motorentuning für mich in meiner Rallyezeit und die Arbeit für andere Fahrer hat mir am meisten Freude bereitet. 4 Meistertitel in Serie, durch die Motorbootrennfahrer Bernd Grübsch und Bernd Bankowiak in den Jahren 1975 bis 1978 waren schon ein großer Erfolg.
Frank: Viel Freude haben mir unsere gemeinsamen Erfolge bei der Rallye Monte Carlo Historique bereitet. Vor allem, da wir mit – nach guter alter Sitte – selbst vorbereiteter ostdeutscher Technik Top-Ten-Platzierungen einfahren und Wertungsprüfungen gewinnen konnten. Weiterhin blicke

ich mit Freude auf meine Entwicklungen zurück, die ich zusammen mit Andreas Schulze (Sohn von Manfred Schulze, erfolgreicher R1-Fahrer aus Dessau) geleistet habe. Die ersten Zylinderköpfe mit leicht auswechselbaren Brennräumen, selbstgefertigte Rennmotoren aus Aluminium, mit Membraneinlass, basierend auf dem Wartburg-Motor. Die Kurzhub-Variante erreichte als quadratisch ausgelegter Motor, immerhin 138 PS bei 7200 U/min und 1000 cm³, war im Boot sehr zuverlässig und führte zum Gewinn des Meistertitels und des Europacups.

16. Gibt es aus »Ihrer Hand« und damit Werkstatt selbst gefertigte technische Raffinessen, die reiner Eigenbau sind und die vielleicht auch kein anderer hatte?
Ja. Hier sind in erster Linie, der Wartburg-Motor mit Membran-Einlass (1977), die Kurzhub- und Langhub-Kurbelwellen für den Wartburg, aber auch die 3-Vergaser-Anlage, ausgeführt als Überlauf-Vergaser mit Basis des BVF-40F, zu nennen.

17. Was war für Sie am aufwendigsten, woran sind Sie ab und an verzweifelt?
Am aufwendigsten gestaltete sich die Wärmebehandlung der Zylinderköpfe. Die Haltbarkeit der Kolben wurde besser, nachdem das gleiche Verfahren wie bei den Zylinderköpfen zum Einsatz kam. Zu guter Letzt war anfangs natürlich die Kurbelwelle ein riesengroßes Problem und dies war der ausschluggebende Punkt, sich mit einem Spezialbetrieb selbstständig zu machen.

18. Die hohe Fachkenntnis und die anerkannte Arbeit hat Sie zum gefragten Spezialisten gemacht. Spielte es eine Rolle, dass angeboten wurde: »Du bekommst die Kurbelwelle, wenn ich dafür das oder das bekomme …«? Das System Bückware oder Tauschhandel war ja in der DDR sehr ausgeprägt.
Dieses System war sicher weit verbreitet, dennoch bin ich mit meinen Kunden immer fair umgegangen. Natürlich hat es den einen oder anderen Aufenthalt in Ungarn oder Bulgarien vereinfacht, denn auch die dortigen Rennfahrer, wollten auf die Renntechnik von KWR nicht verzichten.

19. Haben Sie sich an technischen Dingen versucht, die nicht gelungen sind oder nicht funktionieren und dann verworfen wurden?
Gerhard: Eine Idee war, mittels Getriebe die Propellerdrehzahl zu erhöhen, jedoch ist dies an der Kraftübertragung respektive Kupplung gescheitert.
Frank: Der Wartburg-Motor im Rennboot, mit drei einzelnen Auspuffanlagen, ist nie über das Versuchsstadium hinausgekommen, ebenso der Einsatz einer Doppelzündung.

20. An welcher Entwicklung oder Vorhaben hätten Sie gern mitgewirkt, haben es aber aus unterschiedlichen Gründen nicht tun können?
Gerhard: In meiner aktiven Rallyezeit, wäre ich gerne im westlichen Ausland gefahren, dies blieb mir leider verwehrt. Glücklicherweise konnte ich mit knapp 80 Jahren mein altes Rallyeauto doch noch über die Rampe im Hafen von Monte-Carlo fahren.
Frank: Aus heutiger Sicht, hätte ich gerne an der Entwicklung des 3-Zylinder-4-Takt-Motors von Konrad von Freyberg mitgearbeitet. Leider war ich damals einfach zu jung.

Ralf Schaum
geb. 25.5.1948
Werkzeugmacher, Kfz-Ingenieur

Ralf Schaum (links) und der Autor

Tätigkeit in der DDR: Werkzeugmacher, selbstständiger Handwerker
Tätigkeit heute: Betreibt mit seiner Ehefrau Hannchen die Pension/Gaststätte »Oldtimergaststätte« in Teicha bei Halle/S.

1. In welchem Jahr hast du mit dem Motorsport begonnen?
1971, als meine Maschine fertig war.

2. War es gleich der Motorradrennsport in der 50-cm³-Klasse?
Ja, die Simson-Motore hatten es mir schon immer angetan.

3. Dein erstes Rennmotorrad war?
Der Motor basierte auf dem Gehäuse des Simson -Sperber; aus Meißen bekam ich einen Zylinder mit größeren Kühlrippen, auf das Ritzel kam ein Vorgelege, sodass jeder Getriebegang noch einmal untersetzt werden konnte. Der Vergaser saß nicht auf dem Zylinder, sondern auf dem Kurbelgehäuse, da ich den Drehschiebereinlass vorgesehen hatte.

4. Wann bist du auf die Idee gekommen, unter dieser Marke ein Motorrad selbst zu bauen?
1969 hatte ich mir vorgenommen, möglichst alles, was es nicht zu beschaffen gab, mir selbst anzufertigen.

5. Welche Baugruppen und Teile hast du dir mit deinem handwerklichen Geschick selbst vorgenommen und was musstest du »außer Haus« geben?
Das meiste ist in meiner Werkstatt entstanden. Ich habe für Gussteile Formen gebaut, aber dann in Halle/S. bei der Firma Artur Schreiber in der Brunnenstraße gießen lassen. Oder ich habe für den schmalen Tank eine Form gebaut und dann aus dünnem Aluminiumblech den Tank fertigen lassen. Ein »eigenes Kunststück« war die vordere Duplex-Doppelbremse. Das sind zwei Bremsbacken rechts in der Bremstrommel und zwei Bremsbacken links in der Bremstrommel. Das habe ich mir an der Derbi von Ángel Nieto (mehrfacher Weltmeister aus Spanien) abgeschaut. Ich bin am Sachsenring zur WM über den Zaun und habe mich im Fahrerlager »umgesehen«.

6. Als du angefangen hast, das Motorrad aufzubauen, also aus den vielen Teilen selbst zu montieren, wie oft bist du verzweifelt, weil das nicht passte, sich nicht montieren ließ oder nicht funktionierte?
Das Wort zweifeln habe ich eigentlich aus meinem Sprachschatz gestrichen. Für

mich hat bis heute der Grundsatz Bestand »Es gibt immer einen Weg, man muss ihn nur finden«. Das hört sich vielleicht leicht gesagt an, aber wenn man so an Schwierigkeiten herangeht, sich Stunden oder Tage anstrengt, ist das immer besser, als gleich die »Flinte ins Korn« zu werfen.

7. Hattest du für den Motor einen Prüfstand und hast Leistung, Drehzahl und Drehmoment wie »im Labor« vorher probiert und dann Veränderungen vorgenommen, oder bist du losgefahren und hast auf der Strecke probiert?
Ich habe heute in der Werkstatt einen Prüfstand. Damals in den 1970er-/1980er-Jahren war es so, dass der Motor zu Hause zusammengebaut, dann im Rahmen montiert und anschließend die Funktionsfähigkeit ausprobiert wurde. Danach sind wir zum ehemaligen Junkers-Flugplatz bei Dessau gefahren und haben getestet. Der Flugplatzbetreiber, die Gesellschaft für Sport und Technik, hatte nichts dagegen. Manchmal war es sogar so, dass wir von Halle los sind nach Dessau, haben probiert, eingestellt, verladen und weiter ging es nach Schleiz oder Frohburg zum Rennen.

8. In der DDR war es nicht einfach, Kfz-Ersatzteile zu bekommen, noch schwieriger war die Versorgung im Motorsport. Wie groß waren die Schwierigkeiten?
Die Schwierigkeiten bestanden, wir Rennfahrer mussten uns kümmern, Kontakte knüpfen, tauschen, selbst bauen und manchmal aus dem Ausland mitbringen. Auch vom ADMV bekamen wir etwas, entweder über den Veranstaltungs- bzw. Renndienst oder auch Michelin-Reifen. Meistens bestanden untereinander Kontakte, man half sich gegenseitig. Im Fahrerlager waren wir Freunde, auf der Rennstrecke Konkurrenten; wir lebten den Zusammenhalt über Jahre.

9. Kannst du dich noch erinnern, wer dir damals technisch geholfen hat; waren es Handwerker oder auch Kollegen in VEBs oder PGHs?
Ohne die Kontakte und Hilfen wäre das nichts geworden. Ich konnte nach Feierabend Dreh- und Frässmaschinen benutzen oder im Betrieb schweißen. Auch wenn das zeitlich gesehen immer eine Belastung war, war es gleichzeitig eine wertvolle Hilfe. Und, das darf nicht vergessen werden, ich eignete mir Wissen, Geschick und besondere Fähigkeiten dadurch an – die Urkunde beweist sogar die offizielle Anerkennung.

10. Du hast sogar eine Simson-Geländemaschine 50 cm³ im Zustand des Jahres 1964 wieder aufgebaut. Wann bist du auf die Idee gekommen, dich damit zu beschäftigen?
Das war Anfang der 1990er-Jahre. Die Maschine war ein Traum meiner Jugend, erstmals sah ich sie auf dem Freigelände der Leipziger Messe 1965. Ich hatte einen alten Rahmen und einige Teile bekommen, den »Rest« habe ich selbst gebaut bzw. nachgefertigt. Das waren Schwinge und Federelemente, Kotflügel, Tank, Lampe, Sitzbank, Räder und Motor. Der Motor hat ein 3-Gang-Getriebe, das mit dem Fuß geschaltet wird. Am ursprünglichen Ritzel sitzt ein 2-Gang-Vorgelege, das mit der Hand geschaltet wird. Der Fahrer hatte damit sechs Schaltmöglichkeiten. Vierzig Jahre nach den Six Days (heute ISDE) 1964 in Erfurt präsentierte ich im Jahr 2004 das Fahrzeug. Der damaliger Leiter der Sportabteilung, Herr Manfred Vogel, lobte den Originalzustand der Maschine.

11. Momentan beschäftigt dich das Projekt Formelrennwagen. Aus welcher Zeit stammt das Fahrzeug ursprünglich?

Rascha-Rennmaschine fertig montiert ohne Rennverkleidung und ein 50-cm³-Rascha-Rennmotor. Dieser ist komplett im Eigenbau hergestellt.

Das ist ein Rennwagen der damaligen Klasse Formel Junior, die es bis 1963 gab. Ab 1964 wurde die Klasse Formel III eingeführt. Mein Wagen wurde von dem Bitterfelder Sportler Willy Lehmann, dem 10- fachen DDR- Meister, der dem MC Halle angehörte, gefahren.

12. Wird ein alter Wagen neu aufgebaut oder ist es ein Nachbau?

Der vorhandene Rahmen stammt vom Original, welcher im Laufe der Jahre mehrmals verändert wurde. Es gab von diesem Typ sechs Stück SEG- Rennwagen. SEG stand für Sozialistische Entwicklungsgemeinschaft.

13. Suchst du dir für diesen Rennwagen von überall her noch alte Teile beziehungsweise »Reste« von damals, ergänzt die fehlenden Teile und fügst dann alles zum fertigen Fahrzeug zusammen, oder muss so gut wie alles nachgebaut werden?

Es muss sehr viel nachgebaut werden, allein weil es nichts mehr aus dieser Zeit gibt. Der Rahmen wird aufgearbeitet, die Achsteile/Querlenker habe ich neu gebaut, die Felgen der Räder sind bereits nachgegossen. Einen Wartburg-Motor mit 3 Zylindern steht zur Verfügung, der wird hergerichtet und frisiert. Aufwendig wird die Anfertigung der Verkleidung, da es keine Originalteile bzw. keine Form mehr gibt. Mit diesem Projekt, 60 Jahre später diesen Rennwagen zum »neuen Leben« zu erwecken, habe ich interessante Leute aus den alten und neuen Bundesländern, die begeistert sind, kennengelernt.

14. Aus welchem Pkw stammt das Getriebe für diesen Rennwagen?

Das Getriebe selbst ist vom Wartburg 311. Doch das ist nicht alles. Zwischen Motor und Getriebe sitzt ein Eigenbau-Zwischengetriebe. Das erfüllt zwei Funktionen: Mit einigen Schrauben kann es gelöst werden, dann ist das Wechseln der beiden Zahnräder möglich. So gab es für die verschiedenen Streckenvarianten verschiedene Übersetzungsmöglichkeiten, um die Motorleistung immer optimal nutzen zu können. Der Motor selbst wurde im Rennwagen ca. 15 Grad geneigt, also etwas schräg stehend, eingebaut. Dadurch konnten Vergaser samt Ansaugtrichter über dem seitlichen Rahmenrohr technisch perfekt platziert werden.

15. Gibt es aus »deiner Hand« und damit Werkstatt weitere selbst gefertigte technische Raffinessen, die tatsächlich als Eigenbau zu bezeichnen sind?

Urkunde

In Anerkennung
seiner langjährigen vorbildlichen Leistungen
in der Neuererbewegung
und in der sozialistischen Gemeinschaftsarbeit
wird der Koll.

Rolf Schaum
als

Arbeiterforscher 1973
ausgezeichnet.

VEB Orbitaplast
BT Halle

BPO Dir. d. BT BGL

Halle im Mai 1973

Ich kann das nicht alles aufzählen, aber dazu gehören neben der Fertigung meiner 16 kompletten Sport- und Rennmaschinen oder der Restauration der GS 50 aus 1964, solche Bauteile wie Motorengehäuse, den Drehschieber, Bremstrommel mit Bremsbacken, Handbremshebel, Getriebeübersetzungen, Kupplungskörbe oder Auspuffanlagen. Und ich stellte sogar offiziell für einen Stundenverrechnungssatz von 10 DDR-Mark für die Sportabteilung in Suhl Teile für die Geländemaschinen her.

16. Wenn du Bilanz ziehst, Werkzeugmacher und Mechaniker in Firmen bis zum Abteilungsleiter im VEB, dann die Selbstständigkeit als Motorradhändler sowie Motorradwerkstatt, dann die Oldtimergaststätte samt Oldtimerwerkstatt und »nebenbei« immer Rennfahrer, war das gut, ist so ein Leben empfehlenswert?

Das muss jeder für sich selbst entscheiden. Für mich ja, es war eine tolle Zeit mit allen Höhen und Tiefen. Was mir von Beginn an geholfen hat, war die gute Schul- und Berufsausbildung bis hin zum Studium. Es war zwar Unterricht in der sozialistischen Produktion, aber die dort gesammelten Erkenntnisse und Erfahrungen halfen mir ab 1985 in meiner Selbstständigkeit. Ich möchte das Leben der Vergangenheit nicht missen. Die Atmosphäre auf den Rennplätzen, die vielen Sportfreundschaften samt Anerkennungen, die Liebe zur Technik und kniffelige Lösungen meistern zu können, ist und bleibt etwas Besonders. Beim Europacup 2017 war ich in der 50 cm³-Klasse bester Deutscher, kein älterer Fahrer war vor mir und ich war auf einer Rascha- Simson insgesamt 6. Da war ich stolz.

17. Welchen Personen möchtest du hinsichtlich der technischen Unterstützung gern erwähnen?

Großen Dank sage ich Joachim Scheibe, Jürgen Gaupe, Dietmar Uhlig, Manfred Vogel und Volkmar Oelschlegel aus Suhl, dort lernte ich auch den berühmten Autodidakten »Vater Strauch« kennen. Der Kreis insgesamt ist natürlich viel größer, aber die Kooperation mit dem Suhler Simson-Werk bleibt unvergesslich. Und selbstverständlich war meine Frau Partner, Helfer und Stütze zugleich.

18. Was würdest du jungen Leuten, die technisch interessiert sind, heute auf den Weg geben?

Die Zeiten, die ich erlebt habe, kann man nicht einfach heute »wiederholen« oder nachahmen. Aber die Begeisterung für Maschinen, fahrzeugtechnische Denkmale oder Oldtimer, die kann ich nur empfehlen. Wer einmal ein verschlissenes oder altes und kaputtes Fahrzeug wieder aufgebaut und instand gesetzt hat, wird verstehen, was ich meine. Jede Stunde dafür, jeder Schweißtropfen und jede Überlegung »... was ist zu tun ...« führt dazu, dass am Ende solch einem Fahrzeug

linkes Bild oben: »Rascha«-Rennmaschine 50 cm³ im fertigen Zustand. Sie ist in allen Teilen im kompletten Eigenbau entstanden.

rechtes Bild oben: 3-Zylinder-Wartburg-Motor für Formel Junior- Rennwagen im fertigen Zustand, jedoch noch nicht eingebaut.

linkes Bild: Ralf Schaum/Teicha (rechts im Bild angeschnitten) erklärt Fachleuten bei Halle/S. seine »Aufbauarbeit« an der in Handarbeit gebauten Simson GS 50, Baujahr 1964..

linkes Bild unten: Eigenbaubremsplatte aus Aluminiumguss für die Duplexbremse

rechtes Bild unten: Eigenbau-Doppel-Duplexbremse für das Vorderrad der Rennmaschine

tatsächlich »Leben« eingehaucht wurde. Was kann es Schöneres geben, dann auch noch festzuhalten, ich bin der Schöpfer. Auch wenn junge Leute sich heute oft digital »sprachlos ohne Schweiß« austauschen, sollte der Blick in die von mir beschriebene Praxis nie verloren gehen. Sich mit kniffeligen Lösungen zu beschäftigen, um dann am Ende des Tages ein praktisch, perfektes Ergebnis zu präsentieren, ist toll. Oft muss ich schmunzeln, wenn der Begriff »… der macht aus Sch… Bonbon …« fällt. So gesehen stimmt das – wer kann das schon?

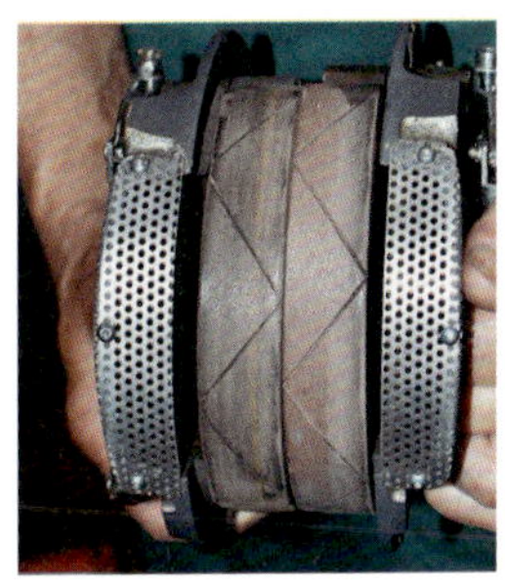

BESUCHEN SIE DIE
DEUTSCHE DEMOKRATISCHE REPUBLIK

Abkürzungen/ Bezeichnungen

ADMV – Allgemeiner Deutscher Motorsport Verband
AMI – Automobilmesse International (in Leipzig)
ASB – Autoservice Berlin
ASK – Armeesportclub (NVA)
ASMW – Amt für Standardisierung und Messwesen
AWE – Automobilwerke Eisenach
AWZ – Automobilwerk Zwickau
AWL – Automobilwerk Ludwigsfelde
BSG – Betriebssportgemeinschaft
BRD – Bundesrepublik Deutschland
BVF – Berliner Vergaser- und Filterwerke
CIK – Kommission für den Internationalen Kartsport
ČSSR – Tschechisch-Slowakische Republik
DDR – Deutsche Demokratische Republik
DAMW – Deutsches Amt für Material und Warenprüfung
DKW – Dampf Kraft Wagen, später »Des Knaben Wunsch«
DMYV – Deutscher Motoryacht Verband
DTSB – Deutscher Turn- und Sportbund der DDR
DYNAMO – Polizeisportvereinigung
EM – Europameisterschaft
EMW – Eisenacher Motoren Werk
ESO – Motorradhersteller in der ČSSR, später daraus Jawa
FIA – Weltföderation für den Automobilsport
FIM – Weltföderation für den Motorradsport
FRAMO – Frankenberger Motorenwerke
GST – Gesellschaft für Sport und Technik
HB – Hartmut Bischoff
IFA – Industrieverband Fahrzeugbau
IKA – Fahrzeugelektrodienst
IWL – Industriewerk Ludwigsfelde
ISOLATOR – Zündkerzenproduzent/Porzellanwerk Neuhaus
JAP – Englischer Motorhersteller
JAWA – siehe ESO
KTA – Kraftfahrzeug-technisches Amt
KoKo – Kommerzielle Koordinierung; Sonderbereich des Außenhandels
LPF – Leistungsprüfungsfahrt
MALF – Ministerium Allgemeiner Landmaschinen- und Fahrzeugbau
MDI – Ministerium des Innern
MEGU – Metallgusswerke Leipzig
MMM – Messe der Meister von Morgen
Minol – Handelsunternehmen für Kraftstoffe, Öle und Fette
MZ – Motorradwerk Zschopau
NVA – Nationale Volksarmee
PGH – Produktionsgenossenschaft des Handwerks
PKW – Personenkraftwagen
RASCHA – Ralf Schaum
RGW – Rat für Gegenseitige Wirtschaftshilfe (der sozialistischen Länder)
SEG – Sozialistische Entwicklungs- Gemeinschaft
Simson – Motorrad- und Jagdwaffenwerk Suhl
SMAD – Sowjetische Militäradministration in Deutschland
SU – Sowjetunion
UIM – Weltföderation für den Internationalen Motorbootrennsport
VEB – Volkseigener Betrieb
VVB – Vereinigung Volkseigener Betriebe
WM – Weltmeisterschaft

Bild links: So machte die DDR auf sich aufmerksam. Diese damals moderne Gestaltung ist im Museum in Eisenhüttenstadt zu bewundern.

Quellen/ Interviewpartner/ Empfohlene Literatur

Mein herzlicher Dank gilt den unten genannten Interviewpartnern, die nicht nur über ihr »technisches Leben« erzählten und so manches Geheimnis ans Licht brachten. Sie waren auch bereit, die Fragen zu beantworten, Details zu erläutern und Fotos beizusteuern. Ich danke ebenso den Fahrzeugmuseen in Eisenach, Ludwigsfelde und Zwickau, in denen ich fotografieren konnte. Einen Besuch dieser Ausstellungen kann ich nur empfehlen.

Namen der Interviewpartner:
Bedrich, Gerhard/Remscheid
Blumenthal, Manfred/Großbeeren
Dietel, Clauss/Chemnitz (im Januar 2022 verstorben)
Driefert, Klaus/Ludwigsfelde
Freyburg, Konrad v./Eisenach
Göpfert, Bernd/Zwickau
Heiduschke, Christian/Elstra
Lessing, Jörg/Berlin
Richter, Frank und Gerhard/Enkirch
Schaum, Ralf/Halle/S.

Folgende Bücher dienten mir als wertvolle Hilfe:

Eisenacher Automobilgeschichte/Horst Ihling
Einfach total genial …/Frank Wilhelm
Framo & Barkas/Günter Wappler
Laster aus Ludwigsfelde/Christian Suhr
Motorjahrbücher der DDR
Plaste, Blech und Planwirtschaft/ Prof. Dr. Peter Kirchberg
Katalog der Automobilausstellung in Eisenach
Typenkompass DDR- Personenwagen/ Eberhard Kittler
Wir Horch-Arbeiter bauen wieder Fahrzeuge/Dr. Werner Lang
50 Jahre Trabant/Dr. Werner Lang
Zeitschriften »79 Oktan«

Ich kann diese Druckwerke jedem Leser nur empfehlen!

Fast alle Aufnahmen stammen aus meinem persönlichen Archiv oder sind von mir bei Veranstaltungen bzw. in den Museen gemacht wurden. Einige zum Thema gehörenden Aufnahmen haben die o. g. Interviewpartner beigesteuert. Ebenso danke ich Olaf Koenig aus Dresden, der mir Fotos einiger Rennbootmotoren zur Verfügung gestellt hat. Dank auch gegenüber dem ehemaligen Rallyefahrer Reiner Seyfahrt aus Gotha, der mir gestattete, den Trabant 800 cm³ zu fotografieren. Sollten Aufnahmen dabei sein, deren Ursprung nicht mehr genau feststellbar ist, bitte ich das zu entschuldigen. Mir war nur wichtig, dass ein möglicher Bezug gegeben und die Historie auch bildlich gewahrt ist. Es ging mir niemals um das bewusste Vergessen eines Autors, auch kein persönlicher Vorteil sollte entstehen.
H. T.

Reproduktion einer grafisch sehr gelungenen Anzeige Ende der 1950er-Jahre